# 情商管理课

## 优秀的人如何掌控情绪

左岸 编著

MANAGEMENT

中国华侨出版社

**图书在版编目（CIP）数据**

情商管理课，优秀的人如何掌控情绪／左岸编著.
—北京：中国华侨出版社，2017.8
ISBN 978-7-5113-6936-9

Ⅰ.①情… Ⅱ.①左… Ⅲ.①情绪—自我控制—
通俗读物 Ⅳ.①B842.6-49

中国版本图书馆 CIP 数据核字（2017）第 141268 号

---

**情商管理课，优秀的人如何掌控情绪**

| | |
|---|---|
| 编　　著 / | 左　岸 |
| 策划编辑 / | 周耿茜 |
| 责任编辑 / | 桑梦娟 |
| 责任校对 / | 王京燕 |
| 封面设计 / | 一个人设计 |
| 经　　销 / | 新华书店 |
| 开　　本 / | 710 毫米 ×1000 毫米　1/16　印张 /15　字数 /170 千字 |
| 印　　刷 / | 北京毅峰迅捷印刷有限公司 |
| 版　　次 / | 2017 年 8 月第 1 版　2017 年 8 月第 1 次印刷 |
| 书　　号 / | ISBN 978-7-5113-6936-9 |
| 定　　价 / | 36.00 元 |

中国华侨出版社　北京市朝阳区静安里 26 号通成达大厦 3 层　邮编：100028
**法律顾问：陈鹰律师事务所**
编辑部：（010）64443056　64443979
发行部：（010）64443051　传真：（010）64439708
网　　址：www.oveaschin.com
E-mail：oveaschin@sina.com

# 前言

　　长期以来，人们总以为一个人取得的成就，与智力水平有很大关系，也就是说智商越高就有可能取得越大的成就。然而，随着心理学研究的深入，相关人士发现，除了智力因素外，非智力因素在很大程度上影响着人们的发展。1995 年，美国哈佛大学心理学教授丹尼尔·戈尔曼指出，决定一个人成功的关键不是智商而是情商，同时他还将成功进行分解，即智商占 20%，情商占 80%。他的研究得到心理学界的认同，"情商"正式被社会各界重视起来。

　　可见，情商对一个人的发展至关重要。尤其是进入 21 世纪，情商的重要性被越来越多的人所认可。既然，我们认可情商这一概念。那么，情商的本质是什么呢？

　　其实，情商并非是高深莫测的哲学命题，它主要是一种表达自我情绪、识别他人情绪、自我激励、处理人际关系等方面的情绪能力。那些情商高的人所表现的品质为：人格健全、情感稳定、身心和谐、理智豁达、内在平和。他们无论在何时何地，都能控制好自己的情绪，而不是被内在的情绪所控制；在与他人共事或交流时，他们不会强迫自己和对方，而是找一个双方都能够接受的方式将自己的想法妥善地表达出来；

当双方出现分歧或不愉快时，他们会选择一个恰当的时间，用正确的方法处理分歧或不愉快；他们在自我认识、自我激励时，会用一种合理的方式面对现实，哪怕身处逆境或人生的低谷之中，他们也不会怨天尤人、自暴自弃，而是用一种积极的心态与现实对话，相信明天会变得更加美好。

虽然很多人都知道情商的重要性，但在实际的工作、生活中，他们依然不知道如何管理自己的情绪，因而给自己的发展造成负面影响。例如，当你带着负面情绪工作的时候，可能看什么都不顺眼，哪怕是办公桌上摆放的绿色植物，你也会觉得不舒服、碍事儿，甚至有把它扔掉的念头，更甭说微笑着面对客户了。影响情绪的因素很多，比如冲动、愤怒、自卑、自负、忌妒、拖延、恐惧等，它们的形成和发展，与自我认知有很大关系，与后天对事物的理解一脉相承。如何不让情绪控制我们，最好的办法就是提高情商。毋庸置疑，情商的高低对一个人事业的成败有很大影响，但更多人对自己的情商状况无从知晓，对怎样提高自己的情商更是一脸的茫然。有人可能还会说，我天生就是低情商者。这是一个错误的认识。情商是可以在后天的学习中得到提高的，因此任何人都有可能成为高情商的人。

孔子说："己所不欲，勿施于人。"意思就是自己不需要、不愿接受的东西，不要强加给他人。将心比心，从对方的角度考虑问题，往往能保持和谐的人际关系。这就是情商的力量。毫不夸张地说，情商是一种创造、是一种能力。本书从认识情商、自我认识、情绪管理、自我激励、了解他人、完善人际关系以及情商应用七大方面，帮助读者成为高情商的人，从而在压力与机会并存的竞争环境中做好自己、成就自己的完美人生！

# 目录

**039**

第二章

**自我认识：以独立的精神看世界**

**073**

第三章

**情绪管理：做自己情绪的主人**

**109** 第四章

自我激励：生命的辞典里没有"泄气"

**139** 第五章
了解他人：美好的人生从读懂对方开始

**173** 第六章

完善人际关系：成为受欢迎的人

# 第一章 认识情商：开启心智的大门

情商是一种能力、一种创造，更是一种技巧。只要我们多点勇气、多点机智，多点磨炼、多点感情投入，我们也能营造一个有利于自己生存的宽松环境，更好地发挥自己的才能。

## 揭开情商的面纱，认识真正的"我"

长久以来，智力一直被作为检测一个人是否聪明的重要依据，然而这个智力决定命运的"真理"，遭到相关专家的质疑。他们认为一个人的成功与否，除了智力外，还有非智力因素同样起到至关重要的作用。

其实，人们对非智力因素早就有所认识。我国古代就有"非不能也，是不为也"这样的名言，这句话的意思是"不是不会做，而是不肯做"。其中"能"的意思为"会不会"，代表智力因素；而"为"的意思为"肯不肯"，代表非智力因素。

第一次世界大战期间，美国著名心理学家维克斯勒，对新兵进行测验时发现，有些新兵在某方面的知识比较薄弱，但从他们的过往经历来看，却能很好地完成所从事的工作。也就是说，某个领域里的知识薄弱，并不代表不能在该领域里把工作做好，从而说明非智力因素起到的作用。

关于智力对人的影响究竟起到多大作用，20 世纪 30 年代，美国心理学家亚历山大通过大量的测验，发现那些接受智力测验的人，对智力测验的兴趣、克服困难的程度和获得成功的愿望等方面，均对智力测验的结果产生重要的影响。1935 年，亚历山大在论文《具体智力和抽象智力》中首次提出"非智力因素"这一概念。

1940 年心理学家维克斯勒在亚历山大的启发下，提出了"一般智力中的非智力因素"的问题。1950 年，他在论文《认识的、先天的和非智力智慧》中重点阐述了"非智力因素"这个概念。自此，非智力因素才被世人认可。

维克斯勒经过多年的研究和探索，对非智力因素进行概括：无论简单还是复杂，只要有智力参与，非智力因素必然起到重要作用；智力行为过程中，非智力因素是不可或缺的组成部分；非智力因素无法取代智力因素行使各项基本能力，会对智力起到制约的作用。

随着研究的深入，心理学家们把非智力因素分为广义和狭义两方面。广义中的非智力因素主要有心理因素、生理因素、环境因素、道德品质等。狭义中的非智力因素主要有气质、性格、情感、动机、兴趣、意志等方面。

非智力因素从来不直接参与智力主导下的认识过程，也就是说，智力在认识事物的过程中，非智力因素不直接参与脑细胞对外界信息的接收、加工和处理等方面的任务。心理学上，凡是涉及非智力因素这一概念，通常相对于智力因素而言，因此在判断一个人在非智力因素方面的情况时，往往是指狭义的而非广义的。

在非智力因素的研究道路上，现代心理学发现，一个人的成功，智力因素仅占 20%，非智力因素占 80%。在非智力因素中，"情绪智力因素"起到关键性的作用。1991 年，美国耶鲁大学心理学家彼德·塞拉维和新罕布什尔大学的约翰·梅耶，首次创立了"情绪智力"这一心理学术语。"情绪智力"主要包括了解情绪、控制情绪、揣摩情绪以及驾驭他人情绪等方面，人们可以通过调节情绪，从而提高自己的生活质量。其实，"情绪智力"这一概念是亚历山大提出的"非智力因素"的升华版，秉承了"非智力因素"的精华部分。

1995 年，美国哈佛大学心理学教授丹尼尔·戈尔曼出版了极具影响力的非学术性专著《情绪智力》（即《情商》）一书，对情绪智力理论进行了通俗化的解释，他认为人的成功与较高的情绪智力密切相关。"情绪智力"的概念也由此广泛普及开来，并且比照着"智商"（IQ）的概念，这个新的术语被称为"情商"（EQ）。丹尼尔·戈尔曼教授把情商归纳为五个部分：

### 1. 认识自己的情绪

认识情绪是情商的基石，这种认知感觉能力，对了解自我尤为重要。无法了解自我感觉能力的人，最终会沦为感觉的奴隶；反之，能够掌控自我感觉能力的人，才能主宰自己的生活和未来。

### 2. 善于管理情绪

要想管理好自己的情绪，必须建立在自我认知的基础上，主要包括：自我安慰，摆脱焦虑、灰暗或不安。缺乏自我情绪管理能力的人，经常会出现情绪低落的现象；能够管理自我情绪的人，即便处在生命的低谷中，也会在短时间内把自己调整好，重新向未来发出挑战。

**3. 自我激励**

通常情况下，我们要想做好一件事情或者要想攻克一个技术难题，注意力集中，成功的概率才会大一些，否则，成功的机会将大大降低。因为，有一个很重要的问题，就是克制冲动。一般说来，集中注意力和发挥创造力都是延迟满足和保持高度热情的表现，是一切成就的动力。因此可以说，能及时自我激励的人做任何事的效率都比一般人高。

**4. 认知他人的情绪**

要了解他人的情绪，就要首先取得别人的信任，这常常需要有较多同情心。同情心是博取别人信任和与别人取得沟通机会的最有效的和最基本的渠道，这同样建立在自我认知的基础上。有同情心的人比较能从细微的信息中捕捉到他人的需求信息，这种人在销售、医护与管理等工作方面会很出色。

**5. 人际关系的管理**

人际关系具体表现为管理他人情绪的艺术，是一个人情商高低的高层体现。一个人的领导能力、人际和谐程度等都与这项能力紧密相关，能自由驾驭这项能力的人往往情商很高。

## 情商与智商，哪一个更重要

情商与智商的概念不同，如果说智商是一种潜在的智慧能量，那么情商就是唤醒这些潜在能量的铃声。现代科学研究成果表明，人的大脑具有巨大的智慧潜能。

人脑中约有 2000 亿个脑细胞，可储存 1000 亿条信息。思想每小时游走 300 多里，拥有超过 100 兆的交错线路，平均每 24 小时能产生 4000 种思想，是世界上最精密、最灵敏的器官。研究发现，脑中蕴藏无数待开发的资源，而一般人对脑力的运用不到 5%，甚至那些成就卓著的科学家们，他们运用的智慧，也不超过他们全部智慧潜能的 10%。

如果把潜在智慧能运用到一半的话，我们就可以轻松地学会 40～50 种语言，可以一字不漏地把大英百科全书全部背下来，并且能够完成数十所大学的博士课程。所以说，我们自身所具备的潜在能量，是自己难以估量甚至难以置信的。为此，美国心理学家卢果深有感触地说道：我们活在地球上，最大的悲剧不是地震、战争、瘟疫，而是我们从生到死，却没有意识到自身潜藏着巨大的能量，更不懂得如何去开发这些巨大的潜能。现代人所追求的是生活是否安全，食物是否充足，电视上播放的节目是否满足感官刺激。我们的生活貌似很幸福、很开心，其实这是一种表面现象，我们很少问问自己到底是什么人，或者可以成为什么样的人；人类繁衍生息过程中，有数不清的人从来没有经历过社会历程和心理历程，就稀里糊涂地衰老了、死亡了。造成这种原因的根本，不是我们智商水平的局限，而是我们的情绪因素。懒惰、缺乏自信和得过且过使我们心中的巨人长久地蛰伏沉睡着，"情商"的出现，使人类终于能够审视自己的潜质，找到唤醒心中巨人的"法宝"。

虽然情商和智商都与遗传及环境有关，但是相较而言，一个人智商的高低更多地缘于遗传因素。据英国《简明不列颠百科全书》对"智力商数"词条的记载：根据调查结果，70%～80%的智力差异源于遗传基因，20%～30%的智力差异是受到不同的环境影响所致。而情商的形成和发展更多地缘于后天的培养和教育，如情商的表达具有许多技巧层面的东西，而这些是可以通过培训得以提升的。

情商之所以在人的一生中起着如此重要的作用，主要原因是它直接影响人们的认知与实践。对事物的认知和实践能力取决于人的智力水平。智力好的人学习能力强，认识事物更加快速；动手能力强的人，做事情时会更加地轻松顺利，但是一个人的情商直接关系到这个人的自我认知能力、意志力、抗挫折能力、情绪的把控能力、人际交往能力等，这些完全能够弥补智力稍差带给我们的缺失。一个并不聪明的人，可以靠持之以恒的毅力完成学业；可以靠越挫越勇的抗压能力从一次次跌倒中爬起；可以在大起大落时做到胜不骄、败不馁……这就是情商从中起到的作用。

1960 年著名的心理学家瓦特·米歇尔做了一个实验，这个实验称为"软糖实验"。他在一所幼儿园里把一群四岁的小孩召集在一个大厅里面，在每个小孩面前放一块软糖，说："假如你们能坚持 20 分钟不吃面前的糖，等我买完东西回来，你们每人都可以得到两块糖。如果你们其中的人不能等这么长时间，那么只能吃到面前的一块软糖，现在就可以拿起来吃。"对四岁的孩子来说，这是两难的选择，所有的孩子都想得到两块糖，却要为此熬 20 分钟；而如果把糖马上吃到嘴里，则只能吃一块。

实验结果：2/3 的孩子选择等 20 分钟拥有两块糖。当然，对孩子们来说，这是一个挑战，他们很难控制自己的欲望。为了不受糖的诱惑，为能熬过 20 分钟，不少孩子只好把眼睛闭起来等，有的用双臂抱头不看糖，有的则用唱歌、跳舞转移自己的注意力，还有的孩子干脆躺下来睡觉。

另外 1/3 的孩子选择现在就吃一块糖。瓦特·米歇尔一走，他们在一秒钟内就把那块糖塞到自己的嘴里了。

经过 12 年的追踪，瓦特·米歇尔发现，那些熬过 20 分钟的孩子

（已是 16 岁了），他们多有较强的自制能力，自我肯定，充满信心，处理问题的能力强，坚强，乐于接受挑战；而选择吃一块糖的孩子（也已 16 岁了），他们则多表现为犹豫不定、多疑、妒忌、神经质、好惹是非、任性，经受不住挫折，自尊心易受伤害。后来，实验者又持续了几十年的跟踪观察。事实证明：那些有耐心等待吃两块糖的孩子，他们在事业上比那些不愿意等待的孩子更容易获得成功。

这个"软糖实验"便是情商的重要表现之一，它很好地说明了，一个人成就的大小与情商的高低是密切相关的。正如戈尔曼所认为的，真正决定一个人能否成功的关键往往是情商能力而不是智商能力。所以我们说，智商诚可贵，情商价更高。

下面的调查，同样也能说明大多情况下智商和情商哪个更重要。

国内有个机构曾对 2662 名招聘经理做过一项调查，其中 34% 的招聘经理人表示，他们在录用决策的过程中更加重视情商。71% 的招聘经理说，他们很看重求职者的情商，在企业中，情商高的人更容易得到提拔。

这就表明，那些具有良好的合作能力和善于与同事协作的员工更能取得较佳的工作绩效。美国创造性领导研究中心的大卫·坎普尔在研究"出轨的主管人"，即指昙花一现的主管人员时发现，这些人之所以失败不是因为技术上的无能，而是因为人际关系方面的缺陷。

曾经有一项调查：你认为成为 CEO 需要具备的最重要的品德是什么？

最后，多数被调查者都认为，成为 CEO 最重要的品德就是"待人接物"的能力。对"待人接物"能力强弱起最关键性作用的就是情商。

同样的，在美国，曾有人向三千多位雇主做过这样的一个问卷调查："请查阅贵公司最近解雇的三名员工的资料，然后回答：解雇的理由是什么。"

结果是，无论什么地区、无论什么行业的雇主，超过 2/3 的答复都是："他们是因为在情绪管理方面的缺陷而被解雇的。"

通过上面的调查，可以得出这样一个结论："智商使人得以录用，而情商使人得以更好的发展"。为此，你可以仔细地观察身边的人，看看那些从同事中脱颖而出、晋升到管理层的职业精英们，就会发现他们不仅仅专业能力强，而且还善于与人和谐相处。相反，那些专业能力强，但仍旧不受重用的，大多是难以控制自己情绪的低情商者，他们激动时口不择言、冲动时轻易做决定、不经意间就会伤害他人、情绪低落时不能自拔，甚至长时间处于自怨自艾的状态中，有时还会悲观厌世，等等。

# 情商的高低，影响未来成就的大小

随着时代的发展，特别是进入 21 世纪以后，人们对情商越来越重视，人才的竞争逐渐从智力竞争转向情商竞争。高智商不再是成功的单一象征，高情商也逐渐成为成功的代名词之一。

早在 20 世纪 30 年代，美国最高法院大法官霍尔姆斯曾对罗斯福总统进行精辟的概括——"拥有二流的智慧，一流的气质"。他的观点得到许多历史学家的认同，他们认为罗斯福的成功得益于他的情商多过智商。可见，情商可以为我们指引方向，帮助我们做出正确的判断。当然，拥有过人的智慧的确是一件幸事。高情商加高智商，无疑是最好的状态，但是，仅有智商高，而情商低下的人，即使成功也难以实现最完美的人生境界。

莫奈是一位聪明的汽车修理工，但是现实生活和他的理想相差甚远，他不想这样碌碌无为一辈子。一个偶然的机会，他看到一家飞机公司的招聘广告。这家公司位于休斯敦。莫奈经过一番思考后，决定去应聘，并希望幸运之神能够降临到自己头上。

到达休斯敦时，已是晚上。莫奈草草吃过饭后，便回到旅店休息，希望自己能以饱满的精神状态，迎接第二天的面试。躺在旅店简陋的床上，莫奈双眼盯着天花板，想着想着，竟然陷入了一种从未有过的沉思，自己多年来的艰辛生活像电影一样，一一在眼前浮现。突然，一股莫名的惆怅涌入心头。他不禁默问自己："身边的朋友都不如自己的智商高，可他们都过得比自己好，这是什么原因呢？"

莫奈一时想不出说服自己的答案，他干脆翻身起床，拿出笔和纸，把朋友的名字逐个写出来。他发现，其中有两位朋友，当初是邻居，现在已经搬到高档住宅区了；两位朋友是中学时代的同学，现在过得也非常舒适惬意；还有两位朋友是当初一起学修理时的同事，现在都开了自己的汽车修理店……

为了找出自己与朋友之间出现这些差距的原因，莫奈干脆把自己的过往经历重新梳理一遍，结果他发现了一个问题，他发现自己比其他的朋友缺少一样东西，这样东西便是自己不能很好地控制情绪。

夜已深，莫奈躺在床上，翻来覆去无法入眠。这是他有生以来，第一次直视自己的缺点，并且从中领悟出，自己之所以没有成功，不是智商方面出现的问题，而是冲动、易怒、自卑等性格上的缺陷。

经过一夜的深思熟虑后，莫奈做了一个重大的决定：控制情绪，不再自卑，塑造全新的自我！

第二天一大早，莫奈自信十足，像换了一个人似的，与面试官坦诚交流，深得面试官的赏识，他被顺利地录用了。可是，只有莫奈自己知道，他能够得到这份工作，完全取决于自己的改变。

进入飞机制造公司两年多的时间里，莫奈得到了几次升迁的好机会，成为公司十分器重的骨干员工。还在公司乃至行业中都建立了一定的名声，成为别人眼中乐观、机智、主动、善良的人。由于莫奈出色的表现和能力，公司在几年后的一次重组中，分给了莫奈可观的股份，他终于尝到了成功的滋味。

可见，成功并不仅仅是由智力因素决定的，发现自己性格中的不足和缺陷也同样重要。只有把握好情绪，才能更好地展现自己的才干，并在事业中不断前进，实现自己的梦想。成功并不是只属于那些高智商的人，智商的不足并不能阻碍成功的脚步。只要懂得调节情绪的方法，不断地发现自身的缺点，不断地提高完善自己，相信成功一定会离你越来越近。

张丽和李佳是一对无话不谈的好闺密，两人平时都喜欢时装。在一个偶然的机会，二人进入了服装市场，并且两家的门店距离很近。由于她们是一时心血来潮，才从事服装生意的。开门营业后，销量少之又少，每天还要交市场管理费和房租，服装店不但没有赚到钱，反而天天赔钱。

一个月后，张丽不听闺密李佳的劝说，决定退出服装行业，赔钱把店转让出去，并且发誓再也不做服装生意了。而李佳却与张丽的想法完全不同，她认真分析自己目前的状况，把赔钱这件事也就想开了。首先，她觉得自己刚涉足一个新的行业，在经营上没有经验，无法抓住顾客的消费心理；其次，进入服装市场的时间段不正确，当时正处于服装销售的淡季，每年这个季节，做服装生意的人基本上都赚不到钱，只不过那些有经验的商家们经验丰富，懂得经营策略，才勉强维持住收支平衡罢了。通过分析，再加上努力，李佳相信自己一定会像其他服装商人一样能够赚到钱。有了这种信心后，李佳不仅没像张丽一样把店铺转让出去，反而照常进货，经营店面。消费淡季随着季节的变化，也随之离去，渐渐地李佳的服装店扭亏为盈。三年后，李佳成为当地小有名气的服装商人，每年的销售利润也相当可观。现在的她，又拓展了几家门店，每一个店面的服装生意都做得红红火火，惹得亲朋好友们羡慕不已。再说张丽，自从退出服装生意后，期间改过几次行，均以失败告终，至今依然过着为糊口而奔波的生活。张丽的每一次失败，并不是因为她没有把精力投入到事业中，而是她没有及时反思自己的失败原因，更没有从这些失败中吸取教训。

张丽和李佳是在同一个时机、同一个条件下，面对同样的一份事业，却有不同的结果。那么，张丽究竟失败在哪里，李佳成功在什么地方呢？这里，情商起到关键性的作用。在经营方面，李佳的情商远远高于张丽的情商，她顶住了赔钱的压力，及时分析市场行情并总结经验，通过自己的努力，从而实现自己的人生目标。而张丽的情商则低于李佳，她遇事沉不住气，不懂得经营之道和把握商机，才导致今天的局面。所以，毫不夸张地说，情商的高低，深切影响着一个人未来成就的大小。

## 高情商，赋予成功更多可能

查德威尔作为第一位成功横渡英吉利海峡的女性，并不满足于这一荣耀，决心超越自己，她把目标选在卡塔林那岛到加利福尼亚这段海域。有了这种想法后，她便开始实施自己的计划，经过一段时间的周密准备和相关的体能训练后，查德威尔开始了新的征程。在海水里游泳，过程十分艰苦，她的嘴唇被冰冷的海水冻得发紫；连续 16 个小时不间断地游泳，使她的四肢像坠了千斤坠一样沉重。尽管如此，查德威尔依然坚持着，渐渐地她感觉自己快被大海吞噬了，可距离目的地还有很远，放眼望去，除了一望无际的大海外，根本看不到海岸线。查德威尔越想越泄气，越泄气越没有希望，越没有希望就越感觉到累。最后，她不得不对游艇上陪伴她的人说："我实在不行了，我要放弃这次挑战，快把我从海水中拉上来吧。"

同行的人听到查德威尔要放弃的信息后，便鼓励她道："不要轻易放弃，再坚持一下，就剩下最后一公里了。"海水中，查德威尔一边吐出灌到嘴里的海水，一边说："你们说的话，我一点儿也不信，如果只有一公里的话，我怎么看不到海岸线呢……"说到这里，查德威尔身子一沉，海水没过头顶。她费力地挣扎一下，重新把脑袋露出水面，用近乎央求的声音说道："我真的不行了，快把我拉上去吧。"

随行的人员把查德威尔拉上小艇，小艇加足马力向前开去，不到一分钟，加利福尼亚的海岸就出现在眼前。既然只有大约一公里，查德威尔为什么不能看到海岸线呢，原来当时有雾气，以人的视力顶多能看半公里，所以她败给最后一公里。事后，查德威尔非常后悔道："为什么不相信同行者的话，再坚持一下呢？"

其实，成功与失败通常仅有一步之遥，当人在困难面前耗尽所有精力，就算一个微不足道的障碍，也可能导致挑战者前功尽弃，如果咬紧牙关坚持下去，胜利便会在眼前出现。生活中，未能坚持下去的例子比比皆是，不是他们没有付出，而是他们没有将付出坚持到底。决定成功的因素很多，往往只剩下最后的一步，却难以跨越，继而使自己成为失败者。是否能够坚持到底，毅力非常重要，它与情商有一定的内在关系。

有人用强化玻璃把一个池子隔成两个区域，一个区域里放一只凶猛的鲨鱼，另一个区域里放一些热带鱼。鲨鱼见到不远的热带鱼后，不断地撞击它根本看不到的玻璃。然而，鲨鱼的撞击行为是徒劳的，它无法到对面捕杀猎物。其实，鲨鱼并不缺少食物，实验人员每天会给它投放一些同样的食物。但是，鲨鱼依然不停地冲撞那块玻璃，就算自己浑身伤痕累累，也不肯罢休。由于连续被鲨鱼冲撞，强化玻璃出现裂纹，实验人员便更换新的玻璃，继续任由鲨鱼的冲撞。

过了一段时间后，鲨鱼似乎意识到自己无法吃到那些五彩斑斓的鱼，就不再冲撞玻璃，每天在固定的时间内等待实验人员投给它的食物，然后对这些食物进行捕杀和吞食。又过了一段时间，实验人员干脆将搁在中间的玻璃拿走，鲨鱼没有任何的反应，每天游弋在固定的区域内，即便实验人员投放的食物逃到有热带鱼的那边，鲨鱼也是只要追到当初放有强化玻璃的地方，就立马掉头回去。

实验结束后，实验人员嘲笑鲨鱼是大海中最为懦弱的鱼。为什么说鲨鱼是懦弱的呢？因为前期的撞击给它带来疼痛后，它选择放弃，并在心中默认自己的失败。生活中，我们会遭受各种各样的失败。失败并不可怕，可怕的是没有勇气面对失败，所以当失败出现在我们面前时，要用一种良好的心态去面对。每一种失败都会存在原因，有的人一旦遇到困难，非但不给自己鼓励，反而任由自己泄气，"我不行，还是放弃吧。"有了这种念头，自然就会陷入失败的深渊。现代社会，竞争压力大，每一个人都怕失败，人们的心理越来越脆弱，经不起种种失败的打击。但是要想让自己成功，就必须接受失败的考验，必须有一个健康的心理，只要你"乐观向上、积极进取"，所有的失败都不是事儿，成功迟早会属于你。

《谁动了我的奶酪》向我们传递了"变是唯一的不变"这一道理。每一个人对这句话的理解均各不相同，如果你说你懂得这个道理，那么就说明你在潜意识里惧怕改变自己。

有个小孩看到一位老人在河边钓鱼，出于好奇，小孩就走了过去。老人是位钓鱼高手，没过多久就钓上来很多鱼。老人见小孩十分可爱，就想把钓到的鱼送给他。小孩摇了摇头，表示不要，老人很惊诧，问道："你为什么不要呢？"小孩回答道："我想要你的鱼竿。"老人有些意外，问道："要我的鱼竿干什么呀？"小孩却说："你送给我的鱼很快就会吃完了，要是你把鱼竿给我，我就可以用它钓鱼，一辈子也吃不完。"

看到这里，你可能会说，这孩子真聪明。其实，你错了，即便老人将鱼竿给了小孩，小孩照样一条鱼也吃不到。因为小孩不懂钓鱼的技巧，光有鱼竿没有任何用处，能否吃到鱼，不在于鱼竿，而是钓鱼的方法。人生的道路上，很多人都拥有自己的钓竿，以为就不再惧怕各种风雨了，事实并非如此，照样会在泥泞的路上跌倒。就像小孩的认知一样，以为拥有了鱼竿，就有吃不完的鱼。退一步讲，即便小孩拥有钓技，鱼儿也会因为周围的环境发生变化，而对诱饵的认知发生转变，不会轻易上钩。小孩要想有吃不完的鱼，也必须要相应地改变自己的钓鱼技巧。

当今社会瞬息万变，就像一个巨大的迷宫一样，如何走好每一步，不让自己迷失方向呢？唯一的办法就是通过不断地提升自己，在变化中突破自我，寻求新的变化，才能够适应各种变化。因此，一定要记住：随着奶酪的变化而变化，不要大声抱怨："谁动了我的奶酪！"

约瑟夫 17 岁时被哥哥抛弃。面对这种情况，任何人都会产生悲观情绪，并且对抛弃他的人充满怨恨，但约瑟夫不是这样的人，他调整心态，接受残酷的现实，并在日常的生活中提升自己的修养。收留他的主人看到这个年轻人聪明能干又值得信任，就让他做家里的总管，掌管这个家庭的所有产业。

由于他遭人忌妒，厄运再次降临到他的头上，因被陷害被判入狱 13 年。身陷囹圄中的约瑟夫没有意志消沉，反而化悲愤为动力，在监狱中表现积极。没过多久，整座监狱由他来管理。一个犯人来管理监狱，这在监狱发展史上是少有的。监狱里的生活虽然艰苦严苛，但约瑟夫一直保持乐观的心态，由他管理的犯人，没有一个不佩服他的。13 年对于一个人的一生来说，既漫长而又短暂，可以说约瑟夫一生中最好的时间基本上是在监狱中度过的。出狱后，由于他在逆境中始终未放弃自己，努力完善自己，他的才能有了更大的发挥空间。

约瑟夫的故事告诉我们，身处逆境时，一定要转变思维，尽快适应逆境，利用逆境中的有限条件，不断完善自己的生命质量和生存的意义。倘若一味地怨天尤人，自暴自弃，谁也拯救不了你。一个情商高的人知道，当厄运降临时，逃避没有任何意义，他们会用积极的心态去面对现实，不被眼前的困难所吓倒，再根据现实条件，创造属于自己的生活。所以，身处逆境时，换一种思维，也许你的世界就会打开另一扇窗户，让你看到与众不同的风景。

# 高情商，为"幸福"保驾护航

很多人也许都曾问过这样一个问题：打开幸福这扇大门的钥匙在哪里？有人说幸福在于你的心态、性格，这是对的，当然，它更在于你对生活的理解，你的情感体验，也就是你的情商的高低。

情商的高低不一，使得人们日常生活中行事的态度和行为方式很不相同，情商低的人会因为某些错误的处理方式而影响自己的人生，以至陷入人生的低潮旋涡，而情商高的人则会因为他们出色的情商表现而得到命运的青睐，拥有幸福美满的人生。

约翰·艾弗里有两个儿子，杰西是他的大儿子，整天愁容满面，显得十分悲观；小儿子亚德却与杰西恰恰相反，他乐观积极，总是乐呵呵地面对生活中的每一天。为了能让大儿子杰西快乐起来，约翰·艾弗里平时就对他比较偏爱。

圣诞节来临前夕，约翰·艾弗里送给两个儿子的礼物完全不同，并在夜色的掩护下，悄悄地把送给兄弟俩的礼物挂在圣诞树上。第二天早晨，杰西和亚德同时起床，他们都想看看圣诞老人送给自己的是什么礼物。哥哥的礼物相当丰厚，分别是气枪、羊皮手套、自行车和足球。杰西把礼物从圣诞树上一一取了下来，本来是件高兴的事儿，他却高兴不起来，反而变得忧心忡忡。

约翰·艾弗里看到大儿子的状况，便问道："难道这些礼物中，没有一件你喜欢的吗？"杰西拿起气枪，做了一下瞄准的姿势，说："假如我拿这支气枪出去玩，不小心打碎邻居家的玻璃，一定会遭到对方的责骂。"说完，杰西放下气枪，拿起手套，说："这双手套的确很暖和，如果我戴着它，不小心挂破了，同样会给我带来许多烦恼。"说完，杰西从手上扯下手套，指着旁边崭新的自行车，说："我很喜欢这辆自行车。"父亲一听，脸上马上露出笑容，快乐还没有持续五秒钟，杰西却说："如果我骑着它，说不定会撞到树干上，会因此而受伤。而这个足球，总有一天我会把它踢爆，那时我会非常伤心。"父亲听完，一句话也没有说，摇摇头走了。

小儿子亚德收到的礼物是一个纸包，当他打开一看，发现里面什么也没有。亚德略加思考，忍不住笑出声来，并且一边笑一边在屋里寻找着什么。父亲看到小儿子的举动，有些不解，便问道："圣诞老人就送给你一个空纸包，里面什么都没有，你还这么高兴，而且还在屋内到处乱找着什么，到底是什么原因呀？"亚德依旧乐得合不拢嘴，说："圣诞老人送给我的不是一个空纸包，他送给我的礼物是一包马粪，肯定会有一匹小马驹在我们家里，所以我要把小马驹找出来。"正如小儿子说的那样，他竟然在屋后找到了一匹小马驹。有了这样一个别样的圣诞礼物，亚德兴奋得又跳又唱。父亲看着眼前小儿子幸福的模样，也跟着笑了起来，说："真是一个快乐的圣诞节啊！"

这便是"情商"的魔力。很显然，亚德是个"高情商"者，尽管收到的礼物无法与哥哥的相比，但他依然能从中感受到快乐和幸福；而相反，杰西则是典型的"低情商"者，得到和拥有的比亚德多，但却始终高兴不起来。

一个人遇到不如意或不痛快的事，并不是老天对我们不公，也不是造物主的失误，而完全在于我们如何去想，如何去看，如何去调节自我的情绪和心态。所以说，要一生幸福，修炼高情商是必不可少的条件。

海伦是个小说家，以写作为生，但是没有人知道她有"写作障碍"这种心理疾病，有时候她经常看着白纸发呆，脑海里的文字就像一堆乱麻，情绪也随之异常糟糕。但是海伦最终凭借她自己的不懈努力，战胜了疾病，出版的作品获得了广大读者的欢迎。

当记者问海伦是如何做到的时，海伦说："当我发现自己陷入困境时，首先调整好情绪，不急躁，姑且先粗略写一些草稿，然后，回过头来再改写这部分。这个办法在最近几年中帮了我很大的忙，使我的'写作障碍'没有发作的余地。反正，除了我之外，没有人会去看这些草稿，我就暂且不去评价它，我只管硬着头皮写下去。不管忽然想到什么，都把它写在纸上。假若过后看起来觉得那些东西不好，我随时都可以修改，而与此同时，我也就前进了一步。"

情商高的人做事时不容易受到自身情绪和外界诸多因素的影响，在迅速调整自身状态的同时，能找到解决问题的好方法。情商高的人不管自身情况如何，总是坚持努力工作，他们懂得如果自己不去尝试，那就永远也实现不了自己的目标。

情商高的人明白，人的目标是一点一点实现的，进步需要时间的磨炼，有时甚至需要花费长年累月的时间。他们一步一步稳定前进，不害怕失败，勇敢地去尝试任何自己没做过的事情，给自己重新爬起来的机会。很多情商高的人在社会上都有一定的地位，不过那些身居"高位"的人，通常都是从"底层"干起来的。他们在努力工作的过程中，边干边学，发现失误就改正，视失败为益友，积极吸取教训，并且绝不轻言放弃。即使别人无视他们的付出，他们也绝不放弃希望和努力，他们相信只有行动才能把自己的人生引向成功。

情商高的人可能不是最聪明的人，但一定都是热情而执着的人。情商高的人懂得成功需要自己的不懈努力，自己不可能在一天之内就攀上理想的巅峰，他们对自己面临的每一个挑战，都全力以赴。

情商高的人是快乐的、幸福的，他们总是以欣赏的眼光看待世界，挖掘现实中的美好事物。这种温暖的心使得情商高的人很喜欢笑，他们经常对别人微笑，因此也得到别人微笑的回报。他们以赞扬和感激回报别人的帮助。他们用自己真诚的心肯定别人所做出的每一点贡献。他们总是保持一种热情、积极的态度，给人以真诚的肯定。他们也为自己所做的努力和所取得的哪怕是最微小的成就而感到幸福，并使自己更加自信，每一天都神情愉快。

# 低情商，缺乏自我情绪管理能力

生活中，我们说一个人情商低，多数是因为其管理自我情绪的能力较差的原因。其实，我们每个人都可能有这样的体验：阅历越深对人和事就会越宽容，这其实也是对自我的一种接纳，是一种智慧。所以，我们在任何时候，都要管理好自我的情绪，心里的怒气、怨气，与他人之间的不和气，恰恰就彰显了你人生的短板。

张凯是一位优秀的业务员，平时为人坦诚，身边有不少的朋友，他的客户也觉得这个人很爽朗，愿意与他交往。可是就在一次公司组织的户外活动中，他却因为一时的心直口快而遭到同事们的厌恶。从此，那个亲切能干的张凯也从大家的印象中消失了。

事情的过程是这样的，户外的拓展训练中，有一项团队协作游戏的比赛，张凯受到大家推举，成了游戏的裁判。虽然说只是一个游戏，但是任何人也不愿意拖团队的后腿，大家都很努力地完成着自己的任务。A组里有个叫慕容的女孩，身体素质不是特别好，没跑几步就已经是气喘吁吁了。其他的同事都在为她呐喊助威，她也努力地将比赛坚持到最后，虽然他们组因为她而输掉了比赛，但是大家还是给了她最热烈的掌声。当裁判张凯做最后总结的时候对大家说："今天的比赛进行得非常好，充分显示出了我们大家的团结，不过我说慕容，你平时就该注意一下运动了，你看你现在胖的那样儿，平时就知道往嘴里塞东西吃，一个女孩子，那么胖像什么样子啊，今天，你们组都是因为你才输掉了比赛。"话音刚落，就见慕容的脸唰地红了，险些哭了出来。于是大家都对张凯说："你就别说了，她已经很努力地完成比赛了，只不过是一个游戏嘛，只要参与了就好。"张凯摆出一副不以为然的样子说："怎么了？她本来就胖啊，难道还不让说啊，谁让她平时就知道吃。"大家都沉默了，不是因为张凯的话，而是在想张凯怎么会是这样的人，一点儿也不顾及慕容的感受和自尊。

在这个故事中，张凯便是一个低情商的人，不懂得顾及别人的感受，照顾他人的情绪。以后，同事会对他敬而远之，也是不难理解的。对于张凯本人而言，因为自己心直口快，不顾及别人的心情，伤害到别人，因而遭到同事们的孤立，也是件无可厚非的事情。

星期天，张波与一伙朋友闲聊时谈及一位朋友："那个家伙什么都好，就是有个毛病不好，脾气太过暴躁，爱生气。"谁知，被说的那个人刚好路过，听到了这句话，马上怒火中烧，立即冲进屋中，揪住张波，拳打脚踢，一顿暴打。

众人赶忙上前劝架说道："有什么话，好好说，为何非要动手打人呢？"而对方则怒气冲冲地说道："此人在背后说我坏话，还冤枉我脾气暴躁，爱生气，所以就该打！"众人听罢，便说道："人家没有冤枉你啊，看你现在的样子，不是脾气暴躁是什么呢？"对方立即哑口无言，灰溜溜地走开了。

故事中低情商者所闹出的笑话，完全是无法管理自我情绪的产物。情商低的人，遇到一点不顺心或不愉快的事就会怒不可遏，任由自己的情绪胡乱发泄，结果只会让事情变得越来越糟糕。其因为负面情绪的充斥，所以对周围的世界与事物看不透、分不清，所以，极容易生出怨气和怒气来，长此以往，只会让众人远离，将自己推入绝境中。一个真正高情商的人，其内在思想是丰盈的，他对这个世界、对社会和人生都有一套较为完整的看法，所以，无论遇到何事何人都会保持淡定和从容。同时，他们在任何情况下，都会及时转换心态，获得快乐。

低情商的人，在处世态度上有些激进，他们过分急于求成，一旦出现差错就不断自我责备。自省是一个好心态，能帮助我们反省出自身的缺点，继而改进。但低情商的人把握不好自省和过度自责的界限，他们不断责备自己，使自己的自信心受挫，这就形成了一种恶性循环。低情商的人越是责备自己，就越感到自己的失败和无能；越是感到自己的无能，在做事时就越会出差错；越是出差错，就越是责备自己。这样的恶性循环会使低情商陷入一种害怕出错的心态中，他们不敢放开手去做，总是去逃避，长期下去，就会轻易地放弃自己坚持的目标，然而这样下去，就再也不会有成功的机会了。

在性格问题上，情商低的人常常会存在一些误解，比如：他们把"诚实"曲解为是允许自己随心所欲地对他人进行消极的、不负责任的议论。此外，他们还会怕不能讨得别人的欢喜，而掩饰、扭曲自己的真实面目。常常装扮成自以为会博得别人喜爱的角色，即使对别人说的话完全听不懂、不得要领，也非要强迫自己装出一副对一切都了然于心的样子。

低情商的人自尊心、虚荣心非常强，他们非常害怕如果自己对别人提出的问题表示不懂会遭人耻笑，因此总是不能坦然地去请教别人，去学习自己不懂的知识来充实自己。为了得到别人羡慕的眼光，这些人还会编造一些虚无的情况来夸大自己的知识、财富、地位，因此，为了能接上自己过去说的谎话，这些人不得不搜肠刮肚、绞尽脑汁，一门心思地去圆谎，这样就更没法把自己的工作、学习做好。

如果你是一个爱挑剔、易生气、发怒、内心不强大的人，要想提升自己的情商，那就先去丰盈自己的内心，学会控制管理自己的情绪吧！

## 如何提高情商

情商与智商有所不同，它能在现实生活中，可以得到改变。通俗地讲，一个低情商的人，运用一些"技巧"，可以使自己的情商得到提高。这里所说的技巧，指的就是情商技巧。

情商技巧，就是我们对生活的领悟，例如从失业、离婚、分别等经历中，你会领悟出先前从没有过的道理。当然，要想提高情商，并非一朝一夕的事情，可能会持续好几个月甚至更长的时间，然后才能在前后对比中看到你的变化。这一过程就好像学习某项新技能一样，是一个不断积累、不断温习，反复琢磨的过程。

改变情商就像做事一样，一次只能做一件事，如果两件事同时做，往往无法达到最佳的效果。因此，要想提高自己的情商，需要将精力集中在一点上，这样才能取得良好的效果。例如，要想提高自己的自我管理能力，那么你就不应该把时间浪费在"我需要自我管理……"上，正确的做法是，制订好一个计划，按照计划进行自我管理。随着时间的推移，当计划成为一种习惯，你的自我管理能力也就提高了。

改变情商的最大障碍是情绪。如果把情商技巧比喻成一座堤坝的话，情绪则是水库里的水，一旦水遇到外界因素的影响，会爆发出极强的破坏力，会将堤坝冲垮。所以，当你确定好目标后，行动时千万不要情绪用事，当感觉到自己出现了负面的情绪时，应该想办法了解它、深入它、摆脱它。

不要忽略你情绪的变化，因为哪怕是一丁点儿不起眼的变化，都可能会对改变情商技巧造成不可估量的损失。更为糟糕的是，忽略情绪变化并不能让你远离这些不良情绪，它会因某件事或某个触发点再次出现。因此，要想改变情商，必须克服不良情绪的影响。心理学家告诉我们，控制不良情绪爆发的方法很多，其中一个方法就是注意心率，它是衡量情绪好坏的标尺。当每分钟心跳超过 100 次时，说明不良情绪已经产生了，这个时候人们往往会失去理智。要想平复不良情绪，可以使用一些简单易学的方法。例如，深呼吸，直至冷静下来；自言自语，告诉自己"我不冲动、不发火，我在冷静"；分散注意力，想一些高兴的事情……都能够有效遏制我们的不良情绪。

一旦过了不良情绪这一关后，还需要从以下四个方面入手，来改变情商。

### 1. 健全自己的认知能力

对自己的性格、气质、兴趣等心理倾向以及自己在集体中的位置与作用，自己与周围人相处的关系要有一个客观、正确的认识，即健全自我意识。其次，要正确认识他人和社会，学会与他人融洽相处，培养与他人协作的精神。另外在认识过程中追求乐观、自信、热情、冷静、勇敢等积极情绪，并根据社会变化，不断调适自己的需要、动机、认识，积极主动地适应社会。

## 2. 少浪费精力，多积极思考

人很容易被一些无关紧要的问题所干扰，当我们集中精力思索或做某件事时，中途被打断后，继续做事或思索的专注度就大不如从前了，甚至会出现敷衍了事的情况。改变情商也是如此，一定要清楚改变情商过程中的种种障碍。为此，心理学家给我们提供了这样一个方法：

（1）把消耗精力的事情一一列出来。

（2）进行系统地分析，然后分成两部分：

A. 可以有所作为的；

B. 不可改变的。

（3）对 A 项中的问题进行逐一解决。例如，在墙上固定一个钩子，把房门的钥匙挂在上面，以后就用不着到处找钥匙了。

（4）把 A 项中的问题完全解决后，再把目光转向 B 项，认真考虑一下，B 项中存在的问题，可否转移到 A 项中进行解决。如果有，就着手解决。

（5）放弃 B 项中的问题。

### 3. 向情商高的人学习

从小我们就知道，榜样的力量是无穷的。向榜样学习，既符合身教胜于言教的理念，也能够更加直观地看到他们是如何发现问题、分析问题、解决问题的，从而从他们的思维方式和行为方式中发现其闪光点进行学习。

这些榜样可能是你崇拜的某个伟人或某个偶像，你可以对他们身上所表现的优点进行分析，然后用在自己的日常行为与做事中。此外，我们身边就有很多情商高的人，同样也可以起到自我激励的作用。因为他们能做到的，我们也能够做到。

### 4. 从难以相处的人身上学到东西

社会是一个大舞台，我们会遇到形形色色的人，每一个人因社会环境、生活环境等方面的不同，也不尽相同。有些人温文尔雅、彬彬有礼；有些人满腹牢骚、装腔作势；有些人横行霸道、蛮不讲理……总之，我们在与各种各样的人打交道时，本身对情商的改变就能起到很大的作用。如果我们能从难以相处的人身上学会反思，这对情商的提高会有很大的帮助。例如，可以从多嘴多舌的人身上学会沉默，从脾气暴躁的人身上学会忍耐，从恶人身上学到善良，从直来直去的人身上学到委婉等。

其实，只要你有一双善于发现的眼睛，生活中的每一个细节，都能够帮助我们改变情商，让自己的情商得到提高。李开复曾说："情商意味着有足够的勇气面对可以克服的挑战、有足够的度量接受不可

克服的挑战、有足够的智慧来分辨两者的不同。"所以，珍惜生活中
的每一个细节、接受每一次考验、迎接每一次挑战，这些都会在潜移
默化中改变我们的情商，让我们的情商向高的一方面发展。

## 提高情商，等于提升生命质量

"情商之父"丹尼尔·戈尔曼认为，情商是真正的人类智能评判的标准，它主宰人生的 80%，而智商最多只能决定人生的 20%。所以，情商才是真正的与个人的未来和幸福紧密相关的因素。于是，提升情商已经成为当下人的一种必修课。提高情商，等于提升生命质量，它是一种比智商更具有价值，更能使人具有魅力的力量，它能使人获得人生快乐、生活幸福、家庭和谐、事业有成。这里，我们首先要搞清楚一个问题，生命质量的好坏与占有物质的多寡没有直接的关系。也就是说，富有的人生命质量不一定就高；一无所有者，生命质量并非就低。

现实生活中，多数人缺乏的不是智商，不是知识，而是情商，是一种自我控制和体察别人的能力。其实，人与人之间的这种能力并无明显的先天差别，而是与后天的培养息息相关。高情商者，最明显的特点就是能够做"自己情绪的主人"，不被外物所控制和影响，有明确的生命目标，有正确的人生价值观，能促使人生向良好的方向发展。

一家制造公司的老板突然被告知，他的公司在每一笔银行贷款上都有问题，还有公司已无法偿还贷款，也无法为员工支付工资。很快，包括公司五名顶级销售员在内的团队都跳槽了，给公司造成了巨大的损失。更麻烦的是，他年迈的父母还在用他的银行支票，他不得不坐在年迈的父亲身边，听银行的人仔细解说他的公司财务状况怎么会在将来的 36 个小时内完全垮台。当他回家告诉妻子，希望一起在 30 多个小时内，也就是在自己建立起来的事业垮掉之前想出解决的办法来，妻子说："那是你的问题。"然后她离开了，结束了他们的婚姻。

挫折接踵而至，超出了他的控制能力，而且肯定会影响到他生活的各个方面。然而，他那积极向上的品格扛住了这些飞来横祸的袭击。他打电话给私人朋友借款，并把团队成员集合起来，制定出"逃生策略"，让他们能够还清债务、重建公司。而且还多亏这一"策略"，他的公司目前正在收获空前的利润。

这位老板是一位情商高的人，勇敢面对危机，奋力走出危机，然后就会看到前面一片光明，然而，那些低情商的人，在处理危机时没有勇气分析危机存在的真正根源，更没有勇气面对这些危机，从而被危机打垮。

一天，一位男士不幸遭遇了一场车祸，失去了一条腿。听到了他的不幸后，朋友们都来看望他，都为他失去了一条腿而难过。看到愁眉苦脸的朋友们，这位失去了一条腿的男人却笑了。

"你怎么还有心情笑呢？"朋友们都以为他精神不正常了。

"当然。当我醒后发现自己失去了一条腿我就安慰自己说：'没什么，你只是失去了一条腿，而不是整个生命。'所以，我现在有足够的理由笑啊！"

过了一段日子，男人离开了医院，就在他准备回到工作岗位上的时候，却接到了下岗通知书。因为少了一条腿，他已经无法再胜任原来的工作了。

朋友们得知这个不幸的消息后，想好了一大堆安慰他的话，准备在看望他时说给他听，好好安慰他一番。然而，令朋友们惊讶的是：当他们来到他家时，却看到这个男人正平静地坐在轮椅上，把下岗通知书折叠成了一个纸飞机，愉快地把它抛向天空。纸飞机随着风儿徐徐上升后落下，男人把纸飞机捡起来再扔向空中，循环往复，男人开心得像个小孩子，笑声填满了整个屋子。

朋友们感到很惊讶，就问他："你不难过吗？你收到的可是下岗通知书！"

"下岗已经成为无法改变的事实，我与其难过，还不如想接下来我要做些什么，当我接到下岗通知书时我安慰自己：幸好你只是失去了工作，而不是失去再创业的勇气啊。所以，我没有理由难过！"

后来，男人的妻子因为接受不了失去了一条腿的男人，和一个流浪艺人私奔了。

朋友们知道后都为他担心，认为男人经过这次打击，肯定会消沉的，便都赶过去看望他。可当朋友们见到男人时，他正坐在看起来有点空荡的家中，一边哼着小曲，一边按摩那条还未完全痊愈的伤腿。

"你是不是真的疯了？还有心情唱歌？"朋友们冲他喊道。

"为什么不唱？我只是失去了一个不爱我的人，又没有失去爱人的能力。所以，我没理由不高兴、不歌唱！"

读到这里，有些人或许觉得这个男人有点难以理解，或许觉得这个男人有点神经质，他的行为举止看起来确实有点不可思议，但他却是一个在困难和挫折面前懂得自我安慰和鼓励的人。这便是"情商"的力量，那种积极向上的精神因素会击败现实中的诸多的厄运。因此，对于人的生命而言，要存活，只要一箪食、一瓢饮足矣，但是要活得精彩，有质量，就需要有宽广的胸怀、百折不挠的意志和化解痛苦的情感智慧。

自我认识：以独立的精神看世界

## 第二章　自我认识：以独立的精神看世界

　　提升情商的第一步，就要从"自我认识"开始。正如丹尼尔·戈尔曼所提出的，自我认识是人拥有高情商的前提，一个人只有能够正确且完善地认识到自我，才能更好地把握自我，而一个人只有拥有正确的道德观念才能很好地把握自我，才算是拥有了较高的情商。

## 若想拥有高情商，必须先认清自己

"不识庐山真面目，只缘身在此山中。"这句出自北宋诗人苏东坡笔下的两句诗，既包含了对人生的探讨，也是对自我认识的一个很好诠释。古往今来，那些低情商的人很难认清的是自己，就像身居山中，难以看到山的真实面目。而情商高的人，无论身在何处，都不会迷失自己，他们知道自己在做什么、想做什么或怎么做，这也就是"自我认识"。

"自我认识"是指以自我作为认识对象，是个体对自己的认识，它属于社会认识的一部分。自我既是认识的主体，也是认识的客体。其认识的主要对象包括自己的个性心理及相应的行为表现。自我认识是在交往过程中随着他人的认识而形成和发展的。对自我的认识和对他人的认识这二者紧密联系、相辅相成，对他人的认识越深刻、越全面，对自我的认识就会越随之而发展。

自我认识对自身行为有重要调节作用。正确的自我认识会使一个人在群体中的行为得体；相反，一个缺乏自知之明的人常常会在人际交往中遭到各种本可以避免的挫折。

从前，有位衙役押送一个犯了罪的和尚。这衙役有点糊涂，记性也不太好，每天早晨赶路之前，他都会先把所有的东西清点一次。摸包袱时，他会说："包袱在。"摸到官府文书时，他会说："文书也在。"等随身携带的物品清点完毕后，他会走到和尚身旁，摸摸和尚的光头和绑在和尚身上的绳子，说道："和尚在。"最后，他再摸摸自己的脑袋说："我也在。"

衙役与和尚一连在路上走了好几天，每天早晨他都这样清点一遍，没有一天漏掉过。狡猾的和尚把衙役的举动看在眼中，记在心里。一天，和尚想出了一个逃跑的办法。

这天晚上，两人来到一家客栈。吃晚饭时，和尚故意向衙役劝酒，衙役怕酒多误事，推脱不喝，和尚就说："大人，您多喝几杯，没多大关系。再有一两天，我们就到了。您顺利把我押送到目的地，县官大人一定会提拔你，这是一件值得庆贺的事啊，难道不值得多喝几杯吗？"衙役听了和尚的话，觉得他说得有理，就心花怒放，喝了一杯又一杯，终于喝得酩酊大醉，躺倒在床上鼾声如雷。

和尚先想法解开自己身上的绳索，把衙役捆绑住，再找来一把剃刀，把衙役的头发剃得一根不剩，然后连夜逃跑了。

第二天早晨，衙役酒醒了。他迷迷糊糊地睁开眼睛，就开始例行公事地清点。先摸摸包袱："包袱在。"又摸摸文书："文书在。""和尚……咦，和尚呢？"衙役大惊失色。忽然，他瞅见了面前的一面镜子，看见了自己的光头，再摸摸身上捆的绳子，就高兴了："嗯，和尚在。"不过，他马上又迷惑不解了："和尚在，那么我跑哪儿去了？"

这个衙役愚蠢到连自己和别人都分不清了，他的情商高低自然不言而喻。当然，这是个夸张的寓言故事，生活中除非是精神不正常，不然不太可能有糊涂到如此地步的衙役。但要想提防自己犯五十步笑百步的错误，就必须保证自己在任何时候都要有清醒的头脑。

我是谁，从哪里来，又要到哪里去，这些问题从古希腊开始，就有人问自己了，谁都没能得出令人满意的答案，但人类从来没有停止过对自我的追问。

自我认识，心理学上叫自我知觉，是情商的重要核心之一。心理学研究表明，认为自己是怎样的一个人比自己实际是怎样的一个人更为重要。自我认识正确，就能在心理上控制自己，使自己的行为恰到好处；否则，不清楚自己的思想、行为到底该往哪个方向发展，必然处处碰钉子、犯错误。

真正做到正确认识自己，是一件很难的事情。日常生活中，人很难做到时刻反省自己，也不可能总把自己放在局外来观察。正因如此，人需要借助外界信息来认识自己。但是，基于外界的复杂多变，人在认识自我的过程中很容易受到外界信息的暗示和干扰，往往不能客观地、真实地认识自己。通常情况下，不是抬高了自己就是过低估计了自己。正所谓："旁观者清，当局者迷。"因此，不仅中国有"人贵有自知之明"的名言，古希腊著名哲学家苏格拉底也说过名言：
"认识你自己。"

人们常爱犯的一个错误是，太轻易相信一个笼统的、一般性的人格描述特别适合自己。就算这种描述比较空洞，自己仍然认为是自己的真实人格面貌。

曾经有心理学家用一段笼统的、几乎适用于任何人的话，让大学生判断是否适合自己，结果大多数大学生认为这段话把自己概括得非常准确。现在我们一起来看看这段话是否适合自己：

你很需要别人的喜欢和尊重。你有自我批判的倾向。你有许多可以成为你优势的能力没有发挥出来，同时你也有一些缺点，不过你一般可以克服它们。你与异性交往有些困难，尽管外表上显得很从容，其实你内心焦急不安。你有时怀疑自己所做的决定或所做的事是否正确。你喜欢生活有些变化，厌恶被人限制。你以自己能独立思考而自豪，别人的建议如果没有充分的证据你不会接受。你认为在别人面前过于坦率地表露自己是不明智的。你有时外向、亲切、好交际，而有时则内向、谨慎、沉默。你的有些抱负往往很不现实。

其实，这段话像是一顶戴在任何人头上均合适的帽子，而许多人爱把这顶帽子往自己头上戴。

这种对自己的错误认识在生活中十分普遍。那么人应该怎样真正地认识自己呢？这就需要人经常仔细地反思自己，不受外界环境的左右。曾子说："吾日三省吾身。"就是靠经常性的自我反省和思考，来了解自己的本性及其变化。别人的意见不是不能听，恰恰有时旁观者清，当局者迷，但是在听完别人的意见后，一定要进行自己的分析，也就是说，永远不能把自己的脑子交给别人，永远要保持自己清醒独立的头脑。

此外，也不能孤立地了解自己，要认识自己的心理、生理、人际关系、社会地位等方面的情况，要同与自己各方面条件相当的人进行比较。有比较才会有鉴别，没有比较也就无所谓好坏、优劣、高低、美丑。心理学家把一个人通过与他人的能力、条件比较而实现对自己价值的认识与评价过程，称为"社会化比较过程"，这也是了解自己不可或缺的途径。

# 正确看待自身的优势和劣势

自我认识的一个重要方面就是认识自己的优势和劣势。事实上，不仅是人类，在动物世界中，每种动物都非常清楚自己的优势在哪里。比如羚羊，它们宁可吃荒野中的荒草，也不会进入雨林中去吃多汁的植物果实。因为它们清楚，自己的优势在于速度，一旦进了树林中，受到攻击时就会来不及逃窜，最终命丧敌手。与动物相比，人类在认识自己的方面做得并不好。大多数人都喜欢高估自己，低估周围的世界，不能真正正确地认识自己。

莫里哀和伏尔泰都曾从事过律师这一职业，但二人后来均发现自己不适合做律师，于是便及时进入其他行业，后来莫里哀成为伟大的文学家，伏尔泰成为杰出的启蒙思想家。

作家斯贝克的人生刚开始时，并没有意识到自己在文学创作上有天赋，为了寻找适合自己发展的职业，曾经改行好几次。斯贝克身高近两米，基于身高的条件，最初的职业是打篮球，是当地篮球队的一名队员。由于球技一般，加之年龄渐渐增长，他发现自己不适合继续打篮球了，便改行当画家。他的绘画技巧并没有过人之处，在他给报刊绘一些插画的过程中，偶尔写一些短文，没想到这些短文受到编辑的赏识，自此他发现自己有写作方面的才能，继而走上了文学创作的这条道路。

达尔文一旦触摸到动植物，便能引发出他的极大兴趣，最终写出《物种起源》，成为进化论的奠基人。如果达尔文不从事动植物研究，继续徘徊在自己不感兴趣的领域里，就不会有如此伟大的成就。对于达尔文而言，生物学才是他的优势，才能最大限度地将自己的智慧发挥出来。

美国科普作家阿西莫夫有一天突然发现："我不能成为一流的科学家，但我可以成为一流的科普作家。"于是，他把科研工作放下，将全部精力投入到科普创作上，终于成为当代世界最著名的科普作家。伦琴学的是工程科学，在老师的影响下，做了一些物理实验，逐渐感觉到自己干这一行最适合，后来终于成了一个有成就的物理学家。

德国作曲家亨德尔在尚未学会说话时就开始学习演奏乐器，十岁时就创作了六首乐曲。亨德尔的父亲是宫廷理发师，他希望儿子成为律师，看到儿子如此爱好音乐，十分担忧，并采取了严厉的措施，禁止儿子演奏乐器，甚至因为小学有音乐课而不让儿子上小学。可这根本无法熄灭亨德尔对音乐的热情，白天不行，他就在夜深人静时起来练琴，为了不被人发觉，只好不出声地练。终于，他成了与巴赫齐名的音乐巨匠。

可见，每个人都有自己的优势，也有不足之处，这是非常正常的事情。但很多低情商的人总是试图掩饰自己的劣势，不肯承认自己的不足，自欺欺人。更有甚者，在逃避自身缺点的过程中，自己本来已经有的那些优势也都变得荡然无存了。情商高的人认为，一个人想要自己变得更优秀一些，并不是拼命掩盖自己的缺点，而是要学会扬长避短，只有这样我们才能发挥出自己的优势。

情商高的人告诉我们，不要过分拘泥于自己的劣势，而是要学会发挥自己的优势。同样是花费大量的时间和精力，不断地找办法去掩盖自己的劣势只能让你看到自己更多的缺点，你的心气也就逐渐减弱；而如果我们将时间用在发挥自己的优势，改进自己的劣势上，我们就会发现，学会利用自己的优势做起事情来格外地顺畅，而且自身的劣势也得到了改善，这样积极的心态也会逐渐地增强。

一位心理学家曾经说过，判断一个人成功与否，主要是看他是否能够将自己的优势发挥到极致。一般来说，当一个人将自己的优势发挥至极点时，自身的劣势也会被弱化，从而达到取长补短的目的。我们再来看看传说中的"股神"巴菲特，他也善于发挥自己的优势。

巴菲特出生于美国内布拉斯加州的奥马哈市。在很小的时候，巴菲特的投资意识就已经非常强了。他对于股票和数字的热爱程度远远超过了家族中其他人。

五岁那年，年幼的巴菲特在自己家门口摆了一个小小的地摊，靠兜售口香糖赚零花钱。而稍微长大了些之后，巴菲特就跑到高尔夫球场，捡废旧的高尔夫球杆倒卖了赚钱。在上中学时，巴菲特除利用课余时间做报童外，还与人合伙买了一台游戏机。他们将游戏机租给理发店，给等待理发的人玩。11 岁时，巴菲特已经开始购买股票。

很快，巴菲特发现，他在投资和理财方面很有天赋，他决定发展自己这方面的优势。于是，巴菲特利用课余的时间阅读关于投资方面的书籍，增强自己的投资知识。

后来巴菲特进了宾夕法尼亚大学，学习财务和商业管理知识。此后还到当时的投资理论学家本杰明·格雷厄姆门下学习投资和股票知识。

毕业后，巴菲特将自己的精力全都放在了股市中。他用心地分析当前股市的行情，并买进那些他认为有些潜力的股票。几经周转，到 1967 年，巴菲特已经掌握了 6500 万美元的资产。

巴菲特就是一个情商高的人，由于他清楚自己的优势，并且能够将它发挥至极致，所以他成功了。然而现实生活中，有很多人却总是在自己不擅长的领域费尽心力。结果呢？他们的优势全都被束缚了，而缺点也暴露无遗。

情商高的人提醒我们，要清楚这样一个道理，人都是有缺点和不足的，甚至有些缺陷是人类自身始终都无法弥补的，过多地在意这些只能让我们变得消极，只会浪费我们的精力。我们要做的就是扬长避短，最大化地发挥自己的优势，尽可能地改进自己的劣势。因为只有这样，才能够令他人只看到我们的优点而忽略我们自身的缺陷。也只有将自身优势发挥到极致，我们才能够更加稳固地发展。

## 找出人生短板，用情商弥补不足

情商高的人对"金无足赤，人无完人"的认知与情商低的人完全不同，情商高的人对这句话的理解更为深刻、透彻，情商低的人则拘泥于外表及形式。在情商高的人眼中，不管多优秀的人也会有自己的短板，要想取得成功必须找出自己的"短板"，短板是阻碍我们前进的绊脚石，要及时发现自己的短板，并正确对待自己的短板。

我们都知道，人生的"短板"就像一只沿口不齐的木桶，盛水的多少，不在于木桶上最长的那块木板，而在于最短的那块木板。要想提高水桶的整体容量，不是去加长最长的那块木板，而是要下功夫依次补齐最短的木板。

从一个初出茅庐的年轻小伙子成长为一名成熟稳健、广受欢迎的记者，彼得·詹宁斯在一个个岗位锻炼，经历了一个拉长自己的短板、摆脱短板的过程。

年轻的彼得·詹宁斯成为美国 ABC 晚间新闻主播的时候，大学都没有毕业，但他认识到自身的不足，把事业作为自己的教育课堂。当他做了三年主播后，发现自己在采访方面存在短板，他又到新闻第一线去磨炼，干起了记者的工作。他在美国报道了许多不同方面的新闻，并且成为美国电视网第一个常驻中东的特派员，后来他搬到伦敦，成为欧洲地区的特派员。

经过这些历练后，他重新回到 ABC 主播的位置。此时，他已由一个初出茅庐的年轻小伙子成长为一名成熟稳健、广受欢迎的记者。

彼得·詹宁斯就是一个情商高的人，他知道自己的"短板"在哪里，并通过努力去弥补它，从而使自己变得更有竞争力。我们生活在一个瞬息万变的时代，只有不断学习新的知识才能适应社会的发展，才能高效落实责任，才不会被淘汰。然而，许多人并不这么认为，他们觉得自己起点低，已经晚了，学了也跟不上；还有人认为自己拥有了一定学历和知识，不再需要学习……这些都是不正确的想法。

狄摩西尼是古希腊伟大的政治家、演说家，谁能想到当初他是一个吐字不清、声音极弱、呼吸急促的人。在他口中，一个简单的字母，他都不能清楚地发出声来。据说为了克服在发音上的缺憾，他每天来到海边，捡一块石子含在嘴里，站在海滩上，对着大海练习发音，以此提高自己的音量；为了能够让自己表达清晰，他一边向山上奔跑一边大声背诵；为了能够当众演讲，他对着镜子反反复复地矫正自己的口型和姿势。就这样，他经历过无数次的失败，最终换来了成功，成为了一名伟大的演说家。

情商高的人提醒我们，如果你决定要战胜一个困难、一个缺陷，首先要正确认识自己，要勇于克服弱点。其实，我们身上或多或少都存在一些弱点，这些弱点不经改进便会发展为我们自身的短板。因而克服短板便是克服我们的这些弱点，其中常见的有：

### 1. 恶习

我们在生活中经常会无意识地培养着习惯，好的习惯有助于我们成长，然而，不好的习惯尤其是恶习（如懒惰、酗酒等），会在做事时严重拖我们的后腿。所以，我们要将自己的习惯分类，改掉不好的习惯，以免让成功毁在自己的恶习之中。

### 2. 自卑

自卑，可以说是一种性格上的缺陷，表现为对自己的能力、品质评价过低。它往往会抹杀我们的自信心，本来有足够的能力完成学业或工作，却因怀疑自己而失败，总觉得处处不行，处处不如别人。所以，做事情要相信自己的能力，要告诉自己"我能行"、"我是最棒的"，这样才能把事情办好，最终走向成功。

### 3. 犯错

人们通常不把犯错看成一种缺陷，甚至以"失败是成功之母"为借口而肆无忌惮。但是，在两种情况下，犯错误就是一种缺陷。一种是不断地在同一个问题上犯错误，另一种是犯错误的频率比别人高。这些错误，或许是因为态度问题，或许是因为做事不够细心、没有责任心，但无论哪种，都是成功的绊脚石。因此，平时要学会控制自己，改掉马虎大意等不良习惯，不要犯那些本可以避免的错误；犯错后不要找托词和借口，要正视错误，加以改正。

### 4. 忧虑

有位作家曾写道：给人们造成精神压力的，并不是今天的现实，而是对昨天所发生的事情的悔恨，以及对明天将要发生的事情的忧虑。忧虑不仅会影响我们的心情，而且会给我们的工作和学习带来更大的压力。更重要的是，无休止的忧虑根本不能解决问题。所以，我们要学会控制自己的情绪，客观地看待问题。

### 5. 妒忌

妒忌是人类最普遍、最根深蒂固的情感之一。它的存在，令我们不能理智地、积极地做事，于是，导致事倍功半，甚至劳而无功。因此，无论在生活中还是在工作中，我们都应平和、宽容地对待他人，客观看待自己。

### 6. 虚荣

每一个人都会有一点虚荣心，但是过强的虚荣心会使人很容易被赞美之词迷惑，甚至自负自大。所以，我们要正确认识虚荣，控制虚荣，摆脱虚荣，正确地认识自己。

## 低情商者总是以为自己很了不起

在日常生活中，有一个无法逃避的事实是，任何一个人的耐心都是有限的，任何一个人都不可能是全能的，当你以为自己具备一些才能的时候，你一定不要忘了，自己的各方面还有待改进，自己还非常欠缺，并且永远都处于欠缺的状态。正如"学业有先后，术业有专攻"所说，我们千万不能自命清高，狂妄自大，否则会惹来一系列的祸端。

狂妄的人往往情商都比较低下，他们非常骄蛮，野心勃勃，难以相处，并且为自己的成就感到骄傲无比，虽然他们都看似很有自信，但是盲目的自信会使他们错误地估计形势，从而酿成大错。一个狂妄自大的人往往会觉得，如果世界上少了他，人们就不知道怎么做了。竟不知，天外有天，人外有人，因为狂妄自大，最后终将被自己的无知抹杀。

从古至今，低情商的人很多，有的人自以为读了几本书，就自视才高八斗，学富五车，天下无敌；还有的人刚刚学了三脚猫功夫，就觉得自己武功很高，身怀绝技，到处称霸，很有一副天下无敌的气概。但是，狂妄自大的结果就是自取灭亡，是必败无疑。

有一句成语叫"虚怀若谷"，用这句话来形容情商高的人再恰当不过了。而狂妄自大的人除了自己之外，什么也容不下。

正所谓："天不言自高，地不言自厚。"为人切忌自以为是，胡乱吹嘘，更不能狂妄自大。没有几个人会去相信一个名不副实的人，更不会有人愿意去帮助一个出言不逊的人。做人要谦卑待人，绝不能自作聪明，过分地张扬和夸耀自己的才能和实力。

在日常生活中，我们往往在无意中成了一个装满水的杯子，容不下别的东西。所以，要学着放下执念，虚怀若谷地倾听他人，向他人学习，才能有更多收获。

## 高情商者敢于面对过失，勇于承担责任

美国田纳西银行前总经理特里指出："承认错误是一个人最大的力量源泉，因为正视错误的人将得到错误以外的东西。"因此，情商高的人懂得，当自己出现错误时，不会找各种借口来推卸自己的过错，而是敢于承担责任，由此才能从错误中吸取教训，获得经验。

新墨西哥州阿布库克市的一家公司里，会计布鲁士·哈威在月末结算员工工资时，遗漏了一个员工请假的信息，结果当月该员工的工资是全勤奖加全薪。这个疏忽后来被发现了，于是他便找到这位员工，将事实告诉该员工并说一定要采取措施纠正这个错误。他觉得或许可以在这个员工下月的工资中扣除这次多付的薪金，但是这名员工表示，这样会使他在接下来的日子里面临经济危机，因此请求分期扣除他多得到的部分薪水。无奈之下，布鲁士·哈威决定将这件事告诉老板，即使他知道这样会让老板不高兴。

于是，布鲁士·哈威找到了老板，说明了事情的来龙去脉，并承

认了自己的过错。老板听完则不断地指责人事部门、会计部门的过失，接着问其他两位同事是怎么管理的。而在这期间，布鲁士·哈威则不断地强调这是自己的错，不关其他任何人的事。老板看着哈威说："好吧，既然那是你的错，你就去解决它吧！"哈威回到办公室以后立即做出了自己的决定。这件事情最终得到了改正，并且没有给其他任何人带来麻烦。之后，老板反而更加信任哈威了。

这里，哈威就是一个情商高的人，当出现错误时，敢于承认错误，而不是为错误找种种借口，老板喜欢这样的人，不但没有指责和批评他，在事情得到圆满解决后，反而对他更加信任了。

在一个冬天的下午，刮着大风，过往的行人都裹紧了大衣，生怕衣服被风卷走了。这时，一个摇着轮椅的残疾人在拼命地追赶飘散在风中的几张报纸。他用尽全身的力气想抓住它们，然而风实在太大了，经过一番努力后还是没能抓到几张。

有几个过往的行人过来帮忙，最终大家帮他把报纸都捡了回来，此时有一位行人好奇地问他为什么追赶这些报纸。

这人坐在轮椅上说："今天中午，老板让我将几捆报纸送给客户，同事帮我放到轮椅上后，我也没有看，就直接摇着轮椅去给客户送过去了。到了客户那里后，我才发现少了一捆，于是赶紧回来找。却看到那捆报纸掉在了路旁的树底下，被风吹得到处乱飞，没有办法，只能一张张地捡。"

"可就凭你自身状况很难解决问题，你为什么不向老板说明情况呢？"有人问道。

这人沉默了片刻后说道："为什么我不自己解决问题呢？毕竟错误是我自己犯下的，我必须要这么做。"

每个人都不是完人，总有自己的缺点，也难免会犯一些错误，正所谓"人非圣贤，孰能无过"。情商低的人在犯错误时，想办法隐瞒自己的错误，担心承认之后会很没面子。情商高的人觉得承认错误并不是什么丢脸的事情，从某种意义上来讲，还会得到别人的尊重。因为自己主动认错总比别人提出批评后还一再狡辩更容易得到别人的谅解。更何况一次错误并不会毁掉你在大家心目中的形象。对于那些总是不愿承担责任、不愿改正错误的人，在需要帮助的时候，大家也会敬而远之。

实际上，一个情商高的人勇于面对自己的错误，包括自身的缺陷，他们这样不但可以清除思想中的罪恶感，还可以在心理上获得某种程度的满足感。每个人在生活的路上总会犯下这样那样的错误，有时候它们会残忍地摧毁人的自信心和意志力，严重时还会葬送掉原本光明的前程。因此，如何面对过错是很重要的。首先，要敢于面对、敢于承认，这也是正确认识自己的重要表现，只有低情商的人，分不清自己缺点与优势的人才会害怕承担后果；其次，情商高的人始终保持一种乐观积极的心态，相信这只是开始，不是结束。因为，强大的、积极的精神状态使人们在面临暴风骤雨时依然能勇往直前。

# 不盲从，用情商辨识从众心理

一位心理学家联手一位化学家做过一项实验：在某会场内，化学家高高举起一小瓶药水给台下的人看，并说："这瓶药水是我最新研究出的挥发性液体，现在我要检验液体的挥发性能。当瓶盖被打开后，如果有谁能闻见气味，一定要马上举手。"说完，化学家将瓶盖当众打开。

一分钟后，坐在台下的心理学家将手举起。随后，只见会场内举起的手不断增多，不到两分钟，会场内所有人员都将手举了起来。

此时，化学家询问大家："你们都闻到气味了吗？"会场内应声一片。

只见化学家笑着说："可是瓶子里装的是纯净水。"会场顿时哗然。

心理学家解释道，之所以大家都闻到了挥发性气味，这一切其实是"从众效应"在作怪——一个人举手后，其他人也会跟着举手。随着受到言语暗示和行为暗示的人数不断增多，似乎闻到气味的人也多了起来。这种现象就是心理学上所称的"从众效应"。

从众效应是指人在社会群体中容易不加分析地接受大多数人认同的观点或行为的心理倾向，这也是大家口中常说的"随大流"。不管是生活中还是职场上，"随大流"的人不在少数，是什么让他们的"耳朵"如此"软弱"呢？让我们来听听这些声音。

"大家都这样说，如果我不随着一起说，那我岂不成了另类"、"既然别人都是这样做的，我还是随着大部队'前行'比较保险"。看来，从众心理对人的影响很大。之所以有从众心理存在，是因为个人不愿意感受与众不同的孤立。为了拥有所谓的安全感，他们放弃了自己的观点、行为或者态度去迎合大多数人。有时候，从众心理是个体在群体中自我施压的结果，其最终行为是自己强迫自己违背当初的意愿。虽然这有违自己的初衷，但是如果能够因此获得集体的认同和保护，那么即使是错的，自己也愿意去尝试，而且是强迫自己去屈从。

为什么人人都会选择"从众"呢？造成人产生从众心理的原因，是多方面的，从情商方面分析主要有以下两点：

### 1. 少数服从多数

我们都生活在"少数服从多数"的怪圈中，一概认为只要是多数人的观点，那就是对的，而当他的行为、态度和意见与别人一致时，就会有"没有错"的安全感。社会心理学家经过研究也发现，持某种意见的人数的多少是影响从众的一个最重要因素。"人多"本身就是具有说服力的明证，较少有人能够在众口一致的情况下还坚持自己的不同意见。"三人成虎"、"众口铄金，积毁销骨"说的就是这种现象。

当然，从另一个角度说，"少数服从多数"也并非没有道理，有很多时候，众人的确是对的。因为生活经验告诉我们，个人生活中所需要的大量信息，都是从别人那里得到的，离开了众人提供的信息，个人几乎难以活动。这时我们就应该学会判断分析，要做到服从正确的多数，但也要能坚持合理的少数。

**2. 害怕偏离群体**

那些不愿标新立异、与众不同的群体成员，通常具有跟从群体的倾向。他们总是希望大家接受他、喜欢他、优待他，这样就可以和大家融为一体，从而避免成为"越轨者"，或者"不合群的人"。

事实上，这种情况在我们的生活和工作中都会遇到。例如，我们可以在家里穿各种奇特的服装，但我们一定不会穿着它去上班，因为我们害怕看到同事们怪异和否定的目光；在开会的时候，要表决举手，当我们看到别人举手时，即使不愿意也一定会跟着举，因为我们害怕因为"与众不同"而被人瞩目和质疑。而且有时候在一个群体内，谁做出与众不同的行为，往往会招致"背叛"的嫌疑，甚至受到严厉的惩罚。在这种压力下，人们往往会选择从众，与群体内成员的行为保持一致。

　　从众有时存在着积极的作用。特定范围内，从众行为可以使群体保持一致，可以协调群体成员的言行；在集体中，少数服从多数，可以保证集体行为一致；强大的社会道德舆论，可以使社会上的人们群起效仿先进人物的思想言行，形成良好的社会风气。就拿行人过马路来说吧，我们都知道，红灯亮表示禁止通行；绿灯亮表示可以前行。在熙熙攘攘的人潮中，如果大家都遵从红绿灯指示，那么交通就不会混乱。

　　另一方面，从众也具有消极的一面。盲目的从众行为会抑制个性发展，扼杀创造力，使人变得无主见和墨守成规。假如每一片云都一样，那么我们就看不到令人惊奇的"黄山云海"；假如每朵花都如出一辙，那我们就错失了文人笔下生花的梅菊；假如每棵树都惧高怕危保持一致，那么就没有了在万绿丛中鹤立鸡群的松柏。自然万物如果都"从众"了，我们将会丧失很多美丽的景观。人也如此，如果一味从众，也将跌入千篇一律的旋涡。

　　可见，从众效应是双面的，优点与缺点并存、益处与弊端同在。我们要扬"从众"的积极面，避"从众"的消极面。具体怎么做呢？

　　对于积极的方面，高情商者会充分运用到生活中。而对于消极的方面，他们会非常警惕。如果在某件事上，选择从众并不正确，那么我们何不"特立独行"？还是拿行人过马路来说吧。假如你是十字路口上的一个行人，红灯亮了，但是路面上并无车辆行驶。这时候，有一个人不顾红灯的警告穿越马路，接着两人、三人……人们蜂拥而过，置身其中的你会怎么做呢？很明显，跟随众人肯定不对。所以，从众是要有选择性的，盲目从众只会对你不利。

# 正确认识自我，从而提高情商

1948 年，著名心理学家伯特伦·福勒和学生们做了这样一个实验：

首先，他给了学生一份个性测试题。当学生完成后便能得到一份"根据其所填写的个性测试题得出的个人性格分析"。然后，学生们根据个人性格分析的准确与否在 0 ~ 5 分之间进行打分。

结果，学生们打出的平均分数竟然高达 4.26 分。并且，学生越是相信这份个人分析的针对性、权威性，其打出的分就越高。当然，个人性格分析中正面描述的比率也与学生们打出的分数呈正比。然而，每一位学生拿到的所谓的针对性极强的个人性格分析是完全一样的。它所描述的不过是人类普遍的性格特征而已，而且它的描述很是模棱两可。

从实验中，福勒发现人们普遍具有"将一种笼统的、一般性的人格描述作为对自己准确的描述"的心理倾向。而著名魔术师巴纳姆更是善于利用人们的这种心理倾向，将自己的节目尽量地大众化，尽量地将每个人都期待出现的元素融入节目中。

19世纪70年代，当人们得知一个人是美国人后，问的第一句话大多是"那您一定知道巴纳姆吧!"可见，马戏团明星巴纳姆在当时何其有名。人们之所以这么喜欢巴纳姆，不仅因为他那令人捧腹大笑的表演，还因为他善于使用别出心裁的方式来吸引观众的注意力，哪怕那些注意力是反面的。

巴纳姆在1835年策划一次演出。乔伊斯·赫思是个黑人老太太，巴纳姆声称她原本是乔治·华盛顿的保姆兼奴隶。这个演说再加上双目失明的乔伊斯·赫思本人的生动表演，一时间，巴纳姆开设的博物馆里挤满了好奇的人。

不久之后，当这个博物馆不再那么吸引人的时候，巴纳姆又放话说，乔伊斯·赫思其实并不是一个人，而只是一个精心制成的机械装置。如此，这个博物馆里又人头攒动，大家都想来一探究竟。

虽然很多人大骂巴纳姆是个骗子，但是巴纳姆本人对此却毫不在意，他在评价自己的时候说："虽然有人说我是个骗子，但我认为那绝对不是在贬低我，人们厌恶诈骗，但这是在诈骗强烈地吸引了他们的前提下。我的节目之所以大受欢迎，是因为在我的节目里有每个人都喜欢的成分，因此每一分钟都会有人上当。"

显然，巴纳姆深谙心理学，他如此出色地运用了人类的这种心理倾向，因此称为巴纳姆效应。

巴纳姆效应的存在，让我们很多时候都不能准确地认识自我，甚至容易被误导。比如，生活中，很多人因为那些汇集了人类普遍性格特点的、模棱两可的性格分析而相信星座，进而对星座速配、星座运势预测等也深信不疑，当星座运势预测说今天幸运指数极低时，便会没精打采或者惴惴不安，然而所谓的幸运指数低是完全没有科学根据的。即使最后真的变得很倒霉，也完全是因为自己不良的心态所致。

在生活中我们随时都能够看到"巴纳姆效应"，我们经常会受到周围信息的暗示，从而迷失在自我当中，并把他人的言行作为自己行动的参照，一个典型的证明就是人们的从众心理：人们在认识自己的过程中，容易受到来自外界信息的暗示，从而出现自我知觉的偏差。在日常生活中，我们既不可能每时每刻去反省自己，也不可能总把自己放在局外人的地位来观察自己。正因为如此，所以我们总是会借助外界信息来认识自己，也因而常常不能正确地知觉自己。

对此，心理学家建议我们，正确认识自我，并可以从以下几个方面提升情商：

### 1. 要学会面对自己的缺陷

人都有更愿意被赞扬、面对优秀的自己，而不愿意被批评、面对自己缺陷的倾向。这让我们不能正确地认识自己，也容易被那些模棱两可的信息所误导，因此，我们需要有意识地提醒自己正视自己的缺陷。

### 2. 提升自己的判断力

拥有卓越的判断力便不容易被误导，然而卓越的判断力是建立在掌握充分而准确的信息的基础之上的。因此，在我们做决策之前一定要收集尽可能多的、全面的信息，避免偏听偏信。

### 3. 通过他人来认识自己

以他人对我们的评价，或者通过以他人为参照物来认识自己是一种有效地认识自己的方式。但值得注意的是，在此过程中，你所选择的那个"他人"是至关重要的。无论是与不如自己的"他人"做比较，还是拿自己的缺陷与"他人"的优点比，都是失之偏颇的。因此，我们一定要从实际情况出发，选择条件与自己相当的"他人"做比较，才能给群体中的自己准确的定位，进而客观地认识自己。

### 4. 积极地自省

生活中，我们要积极地自省，特别是重大的成功或失败发生的时候，更是我们认识自己的好时机。重大事件所带来的经验和教训，有助于我们发现自己的优势和不足，进而更加全面地了解自己。

# 用情商护航，果断选择并持之以恒

一个名叫布里丹的人养了一头小毛驴，他每天都要向农户买一堆草料喂它。有一天，农户额外赠送了一堆草料，布里丹将两堆草料都放在毛驴旁边。这下子可给小毛驴出了个大难题，两堆草料大小相等、质量一样、与它的距离也等同，究竟该吃哪堆呢？虽然毛驴可以自由选择，但是它始终在两堆草料中徘徊，左看看，右瞧瞧，根本拿不定主意。事情的结果让人大跌眼镜，最终，可怜的小毛驴竟然眼巴巴地看着两堆草料饿死了。

我们每个人在生活中都有可能变成布里丹的小毛驴，每当遇到人生的十字路口都会反复权衡，再三斟酌，在举棋不定的思考中让机会溜走。情商高的人告诉我们，人生充满了选择，必须在众多选择中做出一个决定，机会稍纵即逝，再想要让时间从头来过是不可能的事情。在这个时候，情商就会起到重要的作用，主要表现在以下两个方面：

### 1. 果断地做出选择

蒲松龄在《聊斋志异》中有这样一则故事：

两个牧童在山林里发现一个狼窝，狼窝中有两只嗷嗷待哺的小狼崽。两个牧童一人抱起一只小狼崽爬上了高高的大树，他们打算利用小狼崽来捕获老狼。

一个牧童在树上掐住小狼的耳朵，小狼开始嚎叫，老狼随即奔来，在树下疯狂地乱抓。

另一个牧童在旁边的树上拧小狼的尾巴，这只小狼崽也连声嚎叫，老狼又来到这棵树下，企图救回孩子。

老狼在两棵树下不断地奔波，它不知道先救哪只小狼崽好。最终，老狼累得气绝身亡。

老狼之所以累死，是因为它不想放弃任何一个孩子。倘若它能守住一棵树，就可以救回其中一只小狼崽。古人云："用兵之害，犹豫最大；三军之灾，生于狐疑。"正是这个意思。

情商高的人告诉我们，生活这出戏剧永远没有固定的结局，在矛盾迭起的过程中必须学会选择。这些选择没有明确的对错，也不可能猜中结局，在悬而未果的答案中，选择的同时也意味着放弃。很多时候，选择的关键在于当初的果断与最终的坚持，而不在于选择本身。如果你不想成为布里丹的那头小毛驴，最好不要局限于选择的本身。

### 2. 立马行动并持之以恒

美国思科公司总裁约翰·伯斯在谈到新经济的规律时说，现代竞争已"不是大鱼吃小鱼，而是快鱼吃慢鱼"。现实正是如此，现代社会并不一定是你做得最好就会成功，机遇稍纵即逝，速度已经成为成功的关键因素之一，再好的决策也经不起拖延。成败已经不能仅仅以"大鱼"、"小鱼"论，而且还要看"快"与"慢"，因此也就形成了"快鱼吃慢鱼"的结果。

有这样一个关于行动的故事，则是讲到了我们要立马行动之后更重要的持之以恒。

美国曾经有一家报纸刊登了一则园艺所重金征求纯白色金盏花种子的启事，在当时引起了轰动，很多人都对启事中提到的高额奖金很感兴趣。但在自然界中，金盏花除了金色的，就是棕色的，白色的金盏花是绝无仅有的，想要靠人工培育出来绝不是一件易事。很多人开始研究培育白色金盏花的方法，但是在一阵热情过后，大多数人都放弃了努力，寻找白色金盏花的热潮也渐渐平息了。

20年后的一天，当年那家园艺所意外地收到了一封应征信，信里还有一颗纯白色金盏花的种子。这个消息立刻不胫而走，许多经历过当年热潮的人都想知道到底是什么高人找到了培育白色金盏花的方法。可出乎所有人意料的是，这颗种子竟然出自一位年逾古稀的老人之手。

老人不过是一个爱花的普通人，当20年前看到那则启事后，她便想自己试一试。她不顾亲朋好友的一致反对和冷嘲热讽，义无反顾地按照自己的想法开始了行动。第一年，她撒下了一些最普通的金盏花种子。一年之后，金盏花开了，她从那些金色的、棕色的花中挑选了一朵颜色最淡的，让它自然枯萎取得种子。次年，她又把它种下去。然后再挑选最淡的花留下种子，再种下去，就这样，日复一日，年复一年。

终于在 20 年后的那一天，她在自己的花园中看到了一朵真真正正的白色金盏花。一个连园艺专家都无法解决的问题，就这样在一个普通老人手中解决了。人们都说，这是一个奇迹。

情商低的人，经常埋怨环境不好没法发挥自己的能力，他们坚持要等到条件完全成熟再动手，或等到自己有了一种积极的感受再去付诸行动，这样的做法其实是本末倒置。情商高的人，在做一件事之前确实要做好准备，确实要创造良好的环境，但比这一切更重要的是做一件事的决心和行动，而不是空想。积极行动会导致积极思维，而积极思维会产生积极的心态，心态是紧跟行动的，你的内心怎样想，你就会采取怎样的行动，也就会产生怎样的结果。所以一旦做出选择就立马行动起来并持续坚持下去吧！

# 第三章 情绪管理：做自己情绪的主人

情绪管理是提升个人情商最重要的内容之一。一个人情绪管理能力的高低，直接决定其情商的高低。所谓"情绪管理"，主要指通过研究个体和群体对自身情绪和他人情绪的认知，培养驾驭情绪的能力，并由此产生良好的管理效果。

# 先处理情绪，再处理事情

人的成败常常被情商所左右。人与人之间智商的差别非常小，高一点点，低一点点并不会有什么差异，但人和人之间的情商却往往有很大差异。有的人能很好地控制自己的情绪，为人处世表现得非常的理性，这种人往往容易成功；相反，有的人轻易地表露自己的情感，把自己的内心世界完全显露于脸上，喜形于色，稍微碰到一点不如意的事，就会大发脾气，这种人的人际关系一般比较糟糕，而且往往很难成什么事。

情商低的人，往往只站在自己的立场上，要别人按照他的思维逻辑转，而且常常很难驾驭自己的情绪，为了急切得到自己想要的结果，火急火燎，毛毛躁躁。

某集团公司的人力资源部，一名女助理工作三年了，一直想当主管。巧的是，部门主管辞职了，主管的位置空缺了出来，这位女助理认为机会来了，没想到部门经理却把岗位拿出去外招。看着整天来面试的求职者，这位女助理忍不住了，直接冲到经理办公室，直呼其名地说："你为什么不升我？"经理一听，立马火了："你做出业绩来呀！没有业绩升你做什么呀？"原本经理对她印象不错，但那一次之后，经理开始对她非常反感。

人常常因为自己一时的沉不住气，控制不住自己的情绪而做出一些伤害他人或伤害他人与自己之间感情的事情，这是非常不可取的。所以，一个人如果要成功，不能仅仅在意自己的智商，更要注重培养自己的情商，学会控制自己的负面情绪。

相信你一定有过这样的经历：兴高采烈的时候，看什么都顺眼，做什么都顺手；情绪一落千丈的时候，觉得自己做什么事都不顺心，什么都做得不好。其实，这就是情绪的强大影响力。

人常说"世界之大，无奇不有"。没错，德国著名的化学家奥斯特瓦尔德曾因自己的情绪变化，差点儿导致一篇极有价值的论文被埋没。

一天，德国著名的化学家奥斯特瓦尔德由于牙病，疼痛难忍，情绪很坏。他拿起一封稿件粗粗看了一下，觉得满纸都是奇谈怪论，顺手就把这篇论文丢进了纸篓。

几天以后，他的牙病好了，情绪也好多了，那篇论文中的一些奇谈怪论又在他的脑海中闪现。于是，他急忙从纸篓里把它捡出来重读一遍，结果发现这篇论文很有科学价值。他马上给一份科学杂志写信，加以推荐。

后来，这篇论文发表了，并且轰动了学术界。该论文的作者后来也获得了诺贝尔奖。

想想看，如果奥斯特瓦尔德的情绪没有很快好转，结果恐怕就不言而喻了。事实上，情绪的好坏与我们自己的心态及想法密不可分，这就是心理学中的情绪效应。

所以，要想将事情办好，首先得将自己的情绪处理好，切勿因小事而怒发冲冠或垂头丧气。当一个人情绪好的时候，往往会精神振奋，干劲倍增，思维敏捷，效率也会大大地提高。反之，则会无精打采，思路堵塞，效率下降。那怎样才能保持健康稳定的情绪呢？

### 1. 跳出"自我"束缚

把自己看成众人中的一部分。只有拥有了群体意识，以群体为中心，才能有整体思维观，才懂得如何与别人相处与合作，才会逐步树立一种多赢的思维，去维系与他人的友好关系，这时候，说话做事就会顾及到场合，顾及大家的感受，自然就会克制和收敛自己的情绪，注意自己的说话及处事方式，避免伤人。

### 2. 用理智调节

一个人能否保持清醒、冷静的头脑，用理智来控制支配自己的情绪，这是心理健康与否的重要标志。从心理学角度看，人们许多不愉快的情绪多是自寻烦恼的结果。我们可以通过运用以下几个方面的技巧来调节自己的情绪。

（1）正视现实。一定要正视现实，不逃避所发生的事情和所面对的问题，要客观、全面地从多个角度看待问题。

（2）保持开阔的胸怀和乐观开朗的性格。

（3）树立奋斗目标。当自己有奋斗的目标时，就不会斤斤计较一些个人得失、名利大小，不会因为遇到一件小事就悲观失望或高兴得发狂。反而会为了达到自己的目标，让自己的情绪按照正常的轨道前进、发展，不因小失大。

### 3. 扩大视野，拓宽自己的眼界

一个人封闭在自己的精神世界里，往往会眼界变窄，自认为自己很强，而不知天外有天，以致成了井底之蛙，夜郎自大。所以，人要多看看外面的世界，拓宽自己的眼界，如此一来，那种自傲、自以为是的心态自然会收敛起来。

## 学会制怒，有涵养的人生才厚重

情商在很大程度上影响着一个人的命运，因此学会管理自己的情绪是十分重要的。管理情绪最重要的表现就是能够及时察觉自我情绪的变化，并根据具体的环境和情况做出合理的调整。善于管理情绪的人能够迅速化解自己的不良情绪，让自己时刻保持健康积极的情绪状态；不善于管理情绪的人，遇到对自己不利的事情或听到对自己不利的话，就会产生愤怒情绪，会被愤怒牵着鼻子走，以致做出错误的决定。因此，一个情绪化的人，一个不能够控制自己怒气的人，很难获得别人的认可，很难取得大的成就。

皮索恩就是一个不会控制自己怒火的军事领袖，他虽然很有指挥才能，但总是会在情绪的驱使下做出一些不理智的事情。有一次，皮索恩手下的两名士兵外出侦察。却只有一个回来了。当皮索恩询问回来的士兵，另一个士兵的下落时，他说不上来。皮索恩怒不可遏，当即决定处死这个士兵。

就在这个士兵将要被处死的时候，他的同伴回来了。这时候士兵们很高兴，他们觉得自己的战友得救了。于是，他们找到皮索恩，心想，他也会因手下失而复得而高兴。但结果出人意料：领袖由于羞愧而更加愤怒，结果连带着把失踪又回来的士兵以及没有立即执行命令的刽子手一起处死了。

作为一个军事领袖，皮索恩由于没有克制自己的冲动，短时间内竟处死了三个人，在这样的举动之下，他在士兵中会形成一个怎样的形象？假如你是皮索恩的上司，得知他这样处理军务之后，你会怎样对待他？还会将军事指挥权赋予他吗？因此，能否有效驾驭自己的情绪，控制自己的脾气至关重要。

我们要想做对事，要想取得一个又一个的胜利，就要培养自己的心理素质，学会控制自己的愤怒，沉稳冷静地做事，一步步走向成功。

美国研究应激反应的专家理查德·卡尔森曾说过：人们要接受一件事，那就是生活是不公平的，任何事情都不会按计划进行。遇到不顺心的事情时，要冷静下来，要理解别人，不要让不良情绪牵着鼻子走。只有让自己保持良好的心理状态，避免垃圾情绪的挤压，才能够总是以最好的形象出现在别人面前，才能获得更多人的认可和支持。

杰斐逊是美国众议院的一名议员，他一直想要竞选市长。在初期的演讲中，他取得了一些选民的支持，但是相对于自己的对手，杰斐逊显得微不足道。有一天，一位大银行家与他的对手会谈后迎面遇到了杰斐逊，杰斐逊礼貌地打招呼，但是这名银行家显得非常傲慢，他说："没有我们财团的支持，就你，如果你活得长一点儿，你或许可以竞选成功。"

杰斐逊当时就被气得话都说不出来了，银行家的话无疑是讥笑他没有更多的支持，没有前途。但是杰斐逊却很好地将他的气愤转变成了一种动力，更加努力地演讲、竞选，通过一轮又一轮的竞争，民众逐渐认识到了杰斐逊的真诚，杰斐逊也在最后时刻成功逆转，当选市长。

意大利商人安东尼·迪比奥在谈及自己成功的经验时说："我并不是什么天才，在这世界上比我聪明、有才华的人比比皆是，之所以我能够超过他们取得成功，只是因为我比他们更善于控制自己的情绪而已。"其实，控制情绪并不能说是一项技巧，这是一种心态，是心理强度的外在体现。

仔细观察你的周围，哪一个成就非凡的人不是沉稳冷静？所以，我们无论身处何种境地，都要保持一种稳重的心理状态，不要被愤怒牵着走。如果出现愤怒的情况，我们可以通过转移注意力的方式，控制自己的情绪。转移注意力，可以从以下几点做起：

### 1. 离开让你产生愤怒的环境

对大多数人而言，愤怒均是发生在特定的环境中。如果在某个时间段、某个地点出现某件让你愤怒的事情，如果此时你继续待在原地不动，还在那个特定的环境里，你就会继续生气；如果你离开那个特定的环境，内心则会出现一种相反的情况，你心中的怒气就会随之平复或消失。所以，离开产生愤怒的环境，是让自己不生气的最佳途径之一。

### 2. 停止思维反刍

当某件不愉快的事情发生以后，还会持续让你愤怒不已，这种行为叫"思维反刍"，这时的思维反刍会产生严重的负面影响，也就是说你越想那件事，你心里就越愤怒。要想有效地控制自己的愤怒情绪，你必须采用"思维叫停"的方法加以控制。这个时候，你要大声对自己说"停"，不再去想已经发生过的不愉快的事情，把注意力转移到其他地方。

### 3. 利用意象想象化解愤怒

意象想象其实就是在大脑中创造出一种情景，我们可以利用这种内在的意象情景来控制愤怒。所以，当我们愤怒的时候，深吸一口气，然后闭上眼睛，想象以前曾经发生的愉快的事情，这样的话就可以有效地调节自己的情绪，把情绪恢复到不生气的状态。

## 控制冲动，让自己回归到理性状态

冲动是最具破坏性的情绪，它是不受逻辑和理性控制，迫使动作发生的推动力。我们常说的情绪管理包括了情绪的感知、情绪的解读和情绪的调节，其中情绪的调节最主要的内容就是对冲动情绪的控制。善于管理情绪的人，能够很好地感知、解读和调节自己的情绪，容易与他人建立融洽的人际关系，能更主动、有效、圆满地解决人际冲突，也能控制自己的冲动情绪。

1965 年 9 月 7 日，世界台球冠军争夺赛在美国的纽约如期举行，选手刘易斯·福克斯在开场时，以绝对的优势领先于对手，只要再得几分他就可以将冠军收入囊中。就在这个关乎胜败的关键点上，刘易斯·福克斯却发现主球上有一只苍蝇，他挥了挥手中的球杆将其赶走，可正当他附身准备击打球时，那只苍蝇飞了一圈后又落到主球上，他不得不再次停下击打动作，驱赶那只苍蝇。苍蝇在他挥动球杆时飞走了，当他再准备击打时，苍蝇又飞回来了。刘易斯·福克斯发现，这只苍蝇似乎在专门跟自己作对，他非常恼火，挥动球杆赶走苍蝇的幅度比先前大了很多。这下苍蝇总算没有再来干扰他了，然而他的心情却受到极大的影响，当他击球时，没能命中目标，失去了一次宝贵的得分机会。

由此，刘易斯·福克斯方寸大乱，在比赛中连连失误，而他的对手则愈战愈勇，以极快的速度赶超了他，最终夺得冠军。第二天早晨，人们意外地在附近的一条河里发现了刘易斯·福克斯的尸体，他竟然出人意料地自杀了！

谁能想到一只小小的苍蝇竟然能打败世人眼中所向披靡的世界冠军！刘易斯·福克斯因为冲动和一只苍蝇斗气，输掉了比赛，又冲动地选择自杀，从而输掉了自己的整个人生，这是一件多么荒谬而又令人惋惜的事情！如果刘易斯·福克斯能管理好自己情绪，理智控制自己，忽略烦人的苍蝇，专心致志地击球，不要为此分神，不要恼羞成怒，更不要在关键时刻做无谓的斗气，也许他的故事会被重新书写。

心理学家莱恩将冲动控制描述为："不采取为获得暂时快感而造成潜在的长期的不良影响的某种行动。要想做到不意气用事，必须在冲动之前，在头脑中再现该行为对未来造成的后果，因此，冲动控制包括识别最初的行为趋向、预见行动产生的负面后果，还包括控制行动趋向。"心理学家巴昂则认为："冲动控制包括能够忍受一个人的进攻性冲动，控制侵犯、敌对和不负责任的行为。缺乏冲动控制能力则体现在挫折忍受力低、行事鲁莽、缺乏愤怒控制能力、出言不逊、失控、脾气火暴、做出反常行为。"

情商高的人告诫我们，一个极易冲动的人，常常为了获得自我心理的满足，采取某些违反社会规范或给自己以及他人造成危害的冲动行为，其结果是害人害己。因此，我们在管理情绪时，应该采取一些积极有效的措施来控制自己的冲动行为。

**1. 接受负面情绪，并适当地排解**

接受负面情绪也是管理情绪的一个很重要的步骤。所谓接受就是不加指责地承认情绪的真实性，不加指责地承认自己有产生和表达这种情绪的权利。但是接受不等于肯定，我们要做到给负面情绪一个合理的出口，就是说情绪的表达对控制冲动很有必要。因为情绪没有表达出来，你就无法向周围的人传达你内心的感受和想法，就可能失去一些你希望得到的机会和结果，而且还可能因为负面情绪的长时间积累而身患疾病，因此，适度地表达情绪也是控制或减少冲动的一个途径，很多人就是因为不会在恰当的时机、恰当的地点、对恰当的人、用恰当的方法表达愤怒，最后才出现冲动行为的。

**2. 想办法平复自己的情绪**

很多历史上的经验教训告诫我们，在冲动来临时人的智商往往在下降，这时处理事情往往会做出愚蠢的决定和行为。《孙子兵法》中的十二诡道之一"怒而挠之"，意思就是说要借着激怒敌人让他出错而战胜他。所以当自己的情绪处在冲动期时，我们应该按照下面的三步进行操作：暂停、思考、行动。

（1）暂停：当即将出现冲动行为时，我们先不要急着反应，而是要冷静下来，积极倾听，反问自己：发生了什么？我感觉到了什么？其他人的感受是什么？我希望有什么样的结果？

（2）思考：想想造成冲突的原因是什么？最佳的解决冲突的方案是什么？

（3）行动：按照自己理性思考后选择的方案去执行。

**3. 培养自己良好的内在修养和平和的处世态度**

凡是有良好的修养的人，都会很自觉地克制自己，凡是有平和的处世态度的人，都会比较宽容、大度、温和及理智，这些都是控制冲动的有力武器。

**4. 学会一些控制冲动的技能和办法**

杜绝根据下意识采取行为以得到瞬间满意的行为习惯，采取一些办法分析和改变无意义的行为，如用暗示、转移注意、延迟反应法等。当你察觉到自己的情绪非常激动，即将控制不住时，可以采用言语暗示如"不要做冲动的牺牲品"等；或转而去做一些简单而有趣的事情，或去一个安静平和的环境；也可以强迫自己延长一段时间再做出反应，这些方法对控制冲动都很有效果。

## 放下压力，让生活从容前进

当今社会快速发展，各行各业都存在着激烈竞争。正是因为竞争激烈，压力就像一座座大山一般压在竞争者的身上。压力是产生负面情绪的重要途径之一，许多人面对压力时，会情绪失控，做出一些出格的事情。那么，到底什么是压力呢？

从概念上讲，压力不是外界的什么事件，不是繁重的工作，不是家庭负担，不是经济拮据，不是各种考试……压力是我们对外界事件的反应，是人们普遍具有的一种心理和情绪上的体验和状态，这种状态让我们产生紧张感。简单地说，压力是指个体自觉其能力难以应对环境要求时产生的一种身心紧张状态，或者说压力是由于事件和责任超出个人应对能力范围时所产生的焦虑状态。

面对压力，我们可以从以下几个方面进行调整，使情绪恢复在正常状态。

### 1. 倾诉

有个谚语说得好："气气恼恼生了病，嘻嘻哈哈救了命；说说笑笑散了心，憋憋屈屈伤了身。"

2007 年专门从事心理生理学研究的美国专家发表了他们的研究结果，他们用实验的方法证明了倾诉可以改变大脑情绪中枢的反应，从而有助于减轻痛苦。

当一个人遇到挫折，有了压力之后，可以找自己的亲人、知心朋友、自己信得过的人，把自己的苦衷、怨恨和压力尽情地倾诉出来。你倾诉了自己的苦恼和压力，不仅仅是发泄了自己心中的郁闷，而且还可以从别人那里得到安慰和开导，还可以找到一些解决问题的具体办法，甚至可以冷静下来重新评估自己面对的压力状况和应对能力。在许多情况下，一个人对问题的认识往往是有限的，甚至是模糊的，而旁人点拨几句，常会使你茅塞顿开，或许可以走出"山重水复疑无路"的困境。

### 2. 写作

把心中的烦恼、愤怒等情绪写出来，也可以使我们得到宣泄和解脱。我国古代文人墨客经常以诗解愁，如宋代大文豪苏轼非常善于用诗词来排遣逆境中的烦恼。曹雪芹在穷困潦倒之时写出了《红楼梦》；蒲松龄落第后创作了《聊斋志异》；司马迁遭到宫刑之后把心中的愤恨汇集到笔尖，终于完成了不朽的巨著《史记》。这些名人都是用写作的方法宣泄了心中的郁闷。美国心理学会倍加推崇写作这种减压方式，在很多医院里医生都鼓励患者写病床日记。写日记是几乎每个人都能轻而易举做到的事。通过写日记，可以写出自己的压力体验、生理以及心理上的一切烦恼，宣泄自己的情绪。由于日记是为自己所写的，因此，可以写出自己内心深处最真实的情感，这是一种效果显著的减压办法。

### 3. 哭泣

情绪心理学家指出："谁强忍着泪水不流出，那等于他在慢性自杀。"美国长期从事情绪研究的专家指出：当人们因遭受各种挫折而产生不良情绪时，体内就会产生一些有害的化学物质，而排出这些有害物质的途径之一便是哭泣。而且他们还证明"切洋葱时流出的眼泪就不存在这种有害的物质"。美国有位科学家曾经做过这样的研究，他找了200名男女作为研究对象，其中有85%的女性和73%的男性，当痛快地哭泣之后，他们自我感觉情绪状态都比哭前好得多，而且健康状况也有所改善。

### 4. 运动

倾诉和哭泣都是宣泄的形式，如果这样的形式还是不能减轻压力的话，我们还可以采取进一步的行动：如用肢体来表达愤怒的情绪——去宣泄室，或者去空旷的场地大声地喊叫，去唱歌、跳舞、拳击、进行各种体育活动……

体育活动一方面可使人的注意力集中到活动中去，转移和减轻原来的精神压力和消极情绪；另一方面还可以加速血液循环，加深肺部呼吸，使紧张情绪得到松弛，这是一种把心理能量转换为运动能量宣泄出去的过程。

有很多上班族总是借口时间紧、任务重，没有运动的机会。其实如果你想做，运动的机会随处可以找到。如你可以提前一站或几站下车，步行前往单位；你可以舍弃任何一个坐电梯的机会，改成步行爬楼梯；你还可以舍近求远到其他楼层的洗手间……

采用运动减压时应注意以下几点：

（1）尽量选择有氧运动。

（2）最好是选择非竞争性运动项目。

（3）定时、规律，每天运动半小时左右。

（4）寻找运动伙伴一同运动。

### 5. 旅游

旅游首先能够使人暂时离开充满压力的环境，让精神得到放松；旅游还可以强身健体、陶冶性情、开阔心胸。大自然美丽的风光可以使人心情愉悦。看到秀丽的山峰、浩瀚的大海、奇特的人文景观、有趣的民俗风情，都可以使很多人心中的不快和压力一扫而光。旅游是将体育锻炼和身心放松结合在一起的减压方法，它摆脱了压力环境，变换了人们的角色，放慢了生活节奏，愉悦了自己的身心，因此，常常能使身心调整到一个良好的状态。

有的时候，停下前进的脚步，放松身心，让自己做一个休整，这是非常必要的。

据说南美土著人就有着这样一个让身心节奏放慢的传统。曾经有一个探险家到南美的丛林中考察，他雇用了当地的土著人作为向导及挑夫，一行人浩浩荡荡地朝着丛林的深处走去。那个土著人很了解当地的地貌，而且脚力过人，尽管他们背负着笨重的行李，但仍是健步如飞。在整个队伍的行进过程中，总是探险家先喊着需要休息，让所有土著人停下来等候他。

到了第四天，探险家一早醒来，便立即催促着打点行李，准备上路。不料土著人却拒绝行动，这令探险家恼怒不已，以为土著人是以这样的方式要钱，于是给了土著人很多钱，可是土著人还是不走。探险家情急之下，拿出枪来逼着土著人赶路。可是这种方法还是无效，土著人就是不走。经过详细的沟通，探险家终于了解到，当地自古以来便流传着一个神秘的习俗：在赶路时，他们都会竭尽所能地拼命向前冲，但每走上三天，便需要休息一天。

探险家对于这项习俗好奇不已，询问向导，为什么在他们的部族中会留下这么耐人寻味的习俗。向导很严肃地回答探险家的问题："这三天我们的身体跑得太快了，我们要在这里等一等我们的灵魂。"

探险家听了向导的解释，心中若有所悟，沉思了许久，终于展颜微笑，并认为这是他这一趟探险当中最大的收获。

### 6. 亲近宠物

饲养猫、狗、鸟、鱼等小动物及种植花、草、果、菜等，可把情绪转移到这些事情上来。从心理学的角度上讲，宠物对我们的心理健康具有多方面的益处。

宠物为我们提供真诚、无条件的安全感和爱意，这一点连许多亲密的家人都无法相比。宠物可以和主人建立一种感情上的依恋关系，不管你是痛苦悲伤，还是快乐愉悦，它都不会离我们而去，它总会在你回家的第一时间迎接你，给你带来快乐，这些都有利于减轻压力、稳定情绪。

# 自我反省，活在没有抱怨的世界里

人的一生总会遇到不顺、挫折，受挫后无论怎样去责怪别人、怨恨外物，都是徒劳无益的。这个时候，我们就应该静下心来多多反省自我，总结自己、检讨自己，这才是高情商者应该坚持的处事风格。

一位经商的朋友最近很是不顺，原本蒸蒸日上的业务突然间开始下滑，公司多年来一直忠心耿耿跟随他的业务员也突然间离开了他，甚至"跳槽"到他竞争对手的公司里去了。

在内外交困之中，这位朋友并没有认真地反思自我、反省自己，反而一味地责怪过去的战友背叛了自己，沉湎于愤怒和伤心之中，不再相信任何人，动不动就发脾气。结果一切恶性循环，整个公司上下都是人心涣散，陷入了更大的困境之中。

怨天尤人是一种不成熟的表现，是在掩盖自己不能面对现实的怯懦，同时还留下了可能重蹈覆辙的隐患。那些高情商者也都不是一帆风顺的幸运儿，只是他们最终战胜了这各种痛苦和挑战，而能够战胜困难的人首先必须战胜自己，反省自身。

有位刚毕业的大学生，在一家贸易公司担任营销总监助理，他名叫何平，做事方面还算不错，但心直口快，爱挑刺。有一天，他看见漂亮的玻璃茶几上，长颈花瓶里插着一枝细长的兰花。何平随口说："太单调了，只有一枝。"老板笑着说："那你想想办法，让它充实些。"何平答应了，却并没有去做。

天热，何平随口抱怨了一句："这么大的公司，竟然没有空调！"总监听了，与老板对望一眼，什么也没说。

有一天上班，正赶上清洁工在打扫楼道卫生，纸屑扬起，落在何平的脚面上。何平不禁抱怨了一句："这鬼地方，哪儿是人待的？！"总监听了，看了他一眼，就进了老板的办公室。过了一会儿，老板让何平过去。何平以为是要谈工作呢，原来却是要辞退他。何平结结巴巴地问："为什么啊？我这么努力，这么上进……"

老板说："是啊，你是一个有潜力的人才，可是恃才傲物是不可取的。我送你两条忠告：第一，对上司要尊敬。有什么想法或建议直接跟上司表达。第二……"老板往墙上一指，那是员工守则。第一条就清清楚楚地写着：本公司员工，抱怨两次至两次以上的，予以辞退。

喜欢抱怨，是不少人身上都有的弱点，抱怨是一种心胸狭隘的表现，很容易传递出一种负面情绪，破坏人际关系，也严重影响他人心情。不善于管理情绪的人，往往生活适应能力差，爱挑刺，稍微有点不顺心就接受不了，就四处发泄，与周围环境格格不入。所以，当一个人受到周围人排斥的时候，就应该好好反省一下，问题是不是出在自己身上。

有一只鸽子老是不断地搬家。它觉得，每次新窝住了没多久，就有一种浓烈的怪味，让它喘不上气来，不得已只好一直搬家。它感到非常困扰，于是就把烦恼一股脑儿地告诉给一只经验丰富的老鸽子。老鸽子听后说："你搬了这么多次家，其实根本没什么用，因为那种让你困扰的怪味并不是从窝里面发出来的，而是你自己身上的味道啊。"

的确，人也如此，当一个人与环境不相容的时候，高情商者会自我反省，并分析究竟是环境出了问题，还是自己性格上存在缺陷。每个人所处的外界环境，不可能是十全十美，万事顺心的，总有一些不如意的地方，只要大体是好的就行，不足的地方，能改善的就改善，改善不了的就让自己去努力适应，空有一口抱怨是不行的。

我们应该生活在一个没有抱怨的世界里，抱怨太多，伤人害己，在生活或工作中，遇到一点小事便不停地向他人抱怨，最后只会搞得自己难受，别人也反感。

要想让自己不抱怨，高效能人士在管理情绪时，通过反省的反思方式找到抱怨的根源，继而根治，使自己走向快乐的同时，拥抱最终的成功！在善于管理情绪的人眼里，产生抱怨的根源主要有以下两点：

### 1. 对自我的不信任

我们经常说："抱怨是无能的表现。"那些喜欢抱怨、习惯抱怨的人，无一不是自卑、消极、平庸的。只要遇到困难或者挫折，他们便会说："不行，不行，这个事情真的太烦人了……"遇到失败，他们总会抱怨环境的不如意……可见，抱怨的实质就是对自我的不信任，消极的心态和行动是抱怨产生的根源之一。

高情商人的字典中，从来没有"不可能"，当然更没有无休止的"抱怨"。他们相信自己，压力越大，他们的激情越高；困难越多，他们的心境则会越平和。无论何时何地，他们总是高呼"我能行"，自信满满地奋勇前进，百折不挠。

### 2. 自信过了头

自信与自负仅有一步之遥，人们常常会将自负炫耀成自信。三国时，关羽大意失荆州，刘备被陆逊火烧连营，都是自负心理导致的恶果。所以，自负是产生抱怨的根源之一。自负会导致失败，失败之后则又会心生抱怨。

为了不让自己陷入抱怨的深渊，就一定要改变自己傲慢和自负的心理。然而，生活中很多人却没意识到这一点，反而认为自己有学识、有能力、有功劳。如果得不到他们理想中的认可，便会引发他们所谓的怀才不遇的抱怨。实际上，导致一个人自负的根本原因并非博学多才，而是因为其无知与修养上的欠缺。所以，要从根本上消除抱怨，就要消除自负。

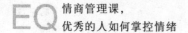

# 告别悲观，为人生获取新生机

当悲观情绪在一个人身上蔓延和发展时，足以把一个人消磨得身心交瘁。处在这种状况下的人，说得严重些，就是绝望透顶，对万事不感兴趣，万念俱灰，愁容满面。若陷入在这种状况下的人一蹶不振的话，生活就会如一潭死水，毫无生机。

三国时期，汉献帝刘协被曹操"挟天子以令诸侯"迎奉到许昌之后，整个人就开始逐渐地被悲观情绪所笼罩。

公元196年，汉献帝刘协成为曹操号令诸侯的傀儡，曹操病死之后，刘协被迫让位于曹丕，最终病死。

曹操专权前，汉朝虽然气数渐衰，但仍然有王允、袁绍、黄琬、仆射士孙瑞等大批忠君爱国之士，如果刘协能够振作起来，也不至于被曹操软禁。然而由于刘协是个非常悲观的人，他始终认为，汉朝气数已尽，自己只不过是一个傀儡而已，再怎么努力也无力回天了。这个心理使得刘协先后被董卓和曹操囚禁。

虽然他也曾不满曹操大权独揽，不甘心作为傀儡，暗下衣带诏，令董贵人的父亲车骑将军董承设法诛杀曹操。但仅仅一次失败就让刘协感到心灰意冷，再度陷入悲观的情绪中。

其实，刘协想要杀曹操并不是那么困难。毕竟那个时候有很多将领都是大汉的忠臣。在曹操出去征战时，他还是有机会的。但刘协却没有再对曹操下手，因为他觉得，杀死了曹操，又会站出另外一个人来将他软禁起来，他已经放弃了自己的人生，所以他也就这样安于天命了。

比起刘协，刘备早年以织席贩履为业，生活非常艰辛，但他却能通过自己的奋斗在乱世中博得一席之地，并最终三分天下有其一。而刘协尽管是傀儡，但毕竟生于王室。如果他能够摆脱这种悲观的情绪，努力地重新燃起希望之火，他还是有机会重新夺回大汉王朝的控制权。历史上，康熙在刚上任时也遭遇了类似这样的问题，但康熙并没有向命运妥协，没有产生悲观的心理，所以他最后能够杀鳌拜、平三藩，成为一代明君。但刘协却因为自己的悲观懦弱，将自己先祖辛苦打下的江山拱手让给了曹氏子孙，自己最后也抑郁而死。

其实现实生活中像刘协这样低情商、悲观的人很多，他们不甘心现状，不满足于现状，却终日只会长吁短叹，抱怨命运的不公。同样的事情，善于管理情绪的人会乐观地去对待。比如，那些患有重大疾病的人，凡是不悲观并且顽强与疾病做斗争的人，最后往往能战胜疾病；而那些悲观者们，整天落泪抱怨，最后往往是先被自己打败了。

　　所以说，悲观的心态会让一个人失去动力，悲观会带给人们非常大的消极情绪，受这种消极情绪的左右，人们在做起事来也会显得有气无力，很难达到原有的效果。

　　高中快毕业的时候，布朗遭遇到了巨大的变故，他的左眼失明了，这对一个正处于人生最好阶段的青年来说，无疑是致命的打击。那个时候，布朗变得越来越悲观，不管是谁劝解和开导，都没有什么效果，布朗觉得自己的人生完全变成了黑色，被上帝彻底地抛弃了。

　　布朗的哥哥约翰知道布朗的遭遇后，从大学赶回家里。有一天，他欢天喜地地找到在屋子中发呆的布朗，塞给他一把手枪和六发子弹。布朗看到手枪之后感到非常吃惊，小心翼翼地抚摸着手枪，问约翰道："这是一把真能开火的枪吗？"约翰拍着弟弟的头说："当然，我们一块到外面进行实弹射击，尽情地玩个痛快吧！"布朗犹豫了片刻，最终和哥哥一起出门了。

　　他们俩来到屋子后面的小山上，约翰把射击的目标设定为20米开外的一棵大橄榄树。约翰率先举起了手枪，眯起左眼瞄准，连开三枪，结果一枪都没有射中，只好把手枪交给了布朗。布朗举起了枪，连射两发，和约翰一样，没有射中橄榄树，这让他觉得非常沮丧。一边的约翰安慰他说："别泄气，枪里面还有一发子弹，你还有一次机会呢！"这一次，布朗屏住了呼吸，凝神对准目标，果然射中了橄榄树树干。

　　约翰欢呼起来，伸出双臂抱住了弟弟，兴奋地说："刚刚射击的时候，我努力地眯紧自己的左眼，但是非常吃力，不管怎么使劲都集中不了精神。你比我有优势，因为上帝替你蒙上了左眼，你可以心无旁骛地专心瞄准目标！"约翰假装无心所说的这些话，深深地打动了布朗的心，他开始觉得人生也许没有那么糟糕了。不久之后，布朗又回到了学校，继续自己的求学生涯。

在之后的人生中，布朗学会了在遭遇挫折和不幸之际及时地调整自己的情绪，善于从积极的角度看待问题，让原本悲观的心情得以释放，继而生成正能量，激励自己不断向前。正是因为这种能力，使得布朗46岁那年，当上了英国历史上任期时间最长的财政大臣，后来他接任布莱尔成了英国首相！

从布朗身上，我们可以看出，当一个人学会控制自己的情绪，让自己从积极的角度看问题时，悲观就会远离你。记得尼采曾说过：失败的人是没有悲观的权利的。失败的人更应该想办法怎样走出困境，获得成功，是不能再容许悲观的。

那么，我们在管理情绪过程中，怎样才能消除悲观情绪，让自己经常保持乐观呢？高情商者给出如下三点建议。

## 1. 要经常为自己加油鼓劲

对于一个悲观主义者来说，心情从早到晚都会处于一种压抑、消极的状态之中。要想改变这一状况，最好的办法就是在早上起床后，给自己一个积极的心理暗示，告诉自己："快乐也是一天，悲伤也是一天，所以，自己今天一定要快乐。"多为自己加油鼓劲，让自己能够以一种积极的心态去开展一天的工作。

### 2. 多想一些开心的事

悲观的人，总是会去想一些不如意的事情，总能从每一件事上找出消极的一面，对每一件事都感到不满意，把什么事情都想得过于悲观，到头来，他们只能在悲观情绪中越陷越深。如果每当流露出悲观的情绪时，他们都能够多想一些让自己开心的事情，把自己的注意力转移到积极的因素上来，这样就能逐渐消除自己的悲观情绪。

### 3. 将心中的不快说出来

有时候，一件事情站在我们的角度看上去是一件坏事，可在别人看起来没准就是好事。所以，当因为一件事而不开心的时候，我们不妨找一个朋友或同事来诉说自己的不快，让对方帮我们分析一下事情是不是真的有那么糟，并耐心地说出判定的理由。倾诉的时候，我们的心情也会变得轻松，而且，我们听了他们的理由，试着从他们的角度来重新审视这件事，说不定就会觉得事情真的不像自己想象的那么糟。

"受苦的人，没有悲观的权利；失火时，没有怕黑的权利；战场上，只有不怕死的战士才能取得胜利；也只有受苦而不悲观的人，才能克服困难，脱离困境"。人的心理活动，可以说没有一刻的平静，忽而兴奋、欢乐，忽而沮丧、消极。只有能掌控自己情绪的人，才能远离悲观，才能让自己的人生迎来一片春色，重新获取新的生机。

# 克服忌妒，别让心态失去平衡

忌妒是一种比较普遍的心理。生物之间存在着竞争，有竞争就会有胜负，有高低比较，而人人都想在竞争中获胜，在比较中处于上位，所以当看到别人胜过自己，或者别人有胜过自己的可能时，就会出现忌妒心理。善于管理情绪的人认为，忌妒主要表现为失望、羞愧、有压力、充满怨恨，对被忌妒者则排斥、冷漠、贬低，甚至敌对，最终害人害己。

有一个人，非常忌妒他的邻居，每次听到邻居家传来说笑声，他就非常不高兴；邻居家的生活过得越好，他的心情就越苦闷越糟糕。在这种不良情绪的"统治"下，他整天盼着邻居家碰到什么倒霉的事情：上班的时候迟到，没人在家的时候水管子坏掉，患一场大病……

但是，邻居一家每天都生活得非常快乐，并且见面的时候还亲切地和他打招呼。他的忌妒心就更加强烈了，有时候甚至想往邻居家扔个手榴弹，但是又害怕警察抓住他，并因此丢掉性命。就这样，这个人每天都生活在忌妒中，精神上受着折磨，以至于吃不下什么饭，日渐消瘦。他总想着破坏掉邻居家的幸福气氛，不然的话心中就像堵了一块大石头，憋得浑身难受。

有一天，他终于鼓起了勇气，跑到花圈店买了一个花圈，趁着晚上夜黑的时候，偷偷地放在邻居的家门口。正当他要离开的时候，突然听到邻居家传来哭声，而邻居也正在这个时候走了出来，他闪避不及，心中惶恐不安。出乎他的意料，邻居没有责骂他，反而向他表示了谢意。原来邻居的父亲刚刚去世了，他顿时觉得惭愧不已，转头默默地离开了。

在这个案例中，主人公就是一位不懂得管理自己情绪的人，于是产生了忌妒，见不得邻居家的幸福，导致心态失衡，以至于让自己时刻遭受折磨。但是最终的结果是，他不仅没有从忌妒心中获得快感，反而更加失落了。

不善于管理情绪的人，就爱产生忌妒心理，总是喜欢拿别人身上的优点来折磨自己。看着别人生活得幸福美满，他忌妒；别人比他年轻，忌妒；别人风度翩翩，忌妒；别人有才华，忌妒……有一句话很能概括出这种人的心境——好忌妒的人会因为邻居身体发福而越发憔悴。

善于管理情绪的人，在这方面就处理得很好，对于别人的优点，可以羡慕，可以见贤思齐，但不会把羡慕演变成为忌妒，因为他们知道，每一个人都有自己的优缺点，没有绝对完美的人，也没有一无是处的人。见到比自己强的人，要意识到这是正常现象，"人外有人"、"强中自有强中手"，勇于承认自己的不足，坦诚地赞赏比自己优秀的人。

在《三国演义》中，徐庶就是一个豁达的人，他知道诸葛亮才华盖世，不仅不忌妒，反而在离开刘备的时候，竭力向刘备推荐诸葛亮。这样的举动，不仅促成了诸葛亮出山，还为自己留下了好名声。

刘备送走徐庶之后，万分伤感，久久不愿离去，还命手下砍去前方挡住自己看徐庶的树林。正伤感的时候，忽见徐庶拍马而回。

刘备大喜过望，心想："元直复回，莫非无去意乎？"遂欣然拍马向前迎问曰："先生此回，必有主意。"庶勒马谓玄德曰："某因心绪如麻，忘却一语：此间有一奇士，只在襄阳城外二十里隆中。使君何不求之？"玄德曰："敢烦元直为备请来相见。"庶曰："此人不可屈致，使君可亲往求之。若得此人，无异周得吕望、汉得张良也。"玄德曰："此人比先生才德何如？"庶曰："以某比之，譬犹驽马并麒麟、寒鸦配鸾凤耳。此人每尝自比管仲、乐毅；以吾观之，管、乐殆不及此人。此人有经天纬地之才，盖天下一人也！"玄德喜曰："愿闻此人姓名。"庶曰："此人乃琅琊阳都人，复姓诸葛，名亮，字孔明，乃汉司隶校尉诸葛丰之后。其父名珪，字子贡，为泰山郡丞，早卒；亮从其叔玄。玄与荆州刘景升有旧，因往依之，遂家于襄阳。后玄卒，亮与弟诸葛均躬耕于南阳。尝好为《梁父吟》。所居之地有一冈，名卧龙冈，因自号为'卧龙先生'。此人乃绝代奇才，使君急宜枉驾见之。

若此人肯相辅佐，何愁天下不定乎！"

　　玄德曰："昔水镜先生曾为备言：'伏龙、凤雏，两人得一，可安天下。'今所云莫非即'伏龙、凤雏'乎？"庶曰："凤雏乃襄阳庞统也。伏龙正是诸葛孔明。"玄德踊跃曰："今日方知伏龙、凤雏之语。何期大贤只在目前！非先生言，备有眼如盲也！"

　　徐庶就是一个善于管理情绪的人，更是一个高情商者，在自比诸葛亮时，用"譬犹驽马并麒麟、寒鸦配鸾凤耳"这样的话语，言语间对诸葛亮都是赞赏和肯定，完全没有嫉妒的意思，这也正是徐庶的可贵之处，他不仅有才能，更有胸襟。

　　我们在管理自己的情绪时，一定要像徐庶一样，不忌妒别人的才华，承认自己的不足。唯有这样，才能够提高自己，获得别人的认可。另外，如果能够胸襟开阔，容得下别人的好，我们做事的时候，心理也会更加放松。

　　言而总之，当看到别人比自己优秀时，首先要自我反省，找出自己为什么没有做好的原因。如果因为不够努力，就要加倍提升自己。如果某方面实在难以赶上，就要大度一些，不去斤斤计较，以平常心对待，心态平衡把精力用在自己擅长的地方。

# 远离怀疑，才会有健康的情绪

在美国阿拉斯加，有一对年轻的夫妇，妻子在生育时因难产而死，遗留下一个可怜的孩子。男人平时忙于工作，无暇照顾孩子，就养了一只狗。这种狗温顺乖巧，能通人性。经过一番训练，它已经可以在孩子哭时，叼来奶瓶给小孩喂奶，男人很是欣慰，就让它来帮忙照看孩子。

有一天，男人有事到外地去了，恰逢当地下了大雪，回家的道路被封住了，当天他就没有回来。第二天才急匆匆地赶回来。狗听到男人进门的声音，就立即摇着尾巴跑过去。可男人在打开房门时，却看到了满地的鲜血，就连墙壁上、床上也都溅满了血迹。他急着马上去找孩子，可是孩子也不见了。男人再去看狗，竟发现狗满身上下也都是血。

见到这种情况，男人的脑袋"嗡"地一下就大了，他马上怀疑到，可能是那只狗兽性大发，把他的孩子给吃掉了。想到这里，他怒气大发，一气之下就打死了那只狗。

狗死之后，眼睛里满含着泪水，他望着这只狗，突然听到了孩子的哭声，他循着哭声在床底下找到了孩子。孩子浑身是血，但是并没受伤。男人很奇怪，一时头脑有些凌乱，再看看狗的身上，才发现其腿上少了一块肉，而在床的另一边，他看到了一只狼，嘴里还咬着一块肉。原来，是那条狗救了小主人，却被主人误杀了。

这个悲剧的发生，很显然，源于男人的怀疑导致的情绪失控。情商高的人提醒我们，很多情况下，许多原本可以圆满化解的问题，都是因为人们的怀疑和不理智而变得无中生有，静中生险。如果我们能冷静地看待问题，而不是因一时的怀疑，胡乱做出决定，相信一切都会变得更好。

在自我管理情绪过程中，我们一定要认清楚，怀疑其实是人的一种主观情绪，是人的一种自我暗示。现代心理学研究表明：怀疑会给人带来很大的心理压力，让人的精神一直处于紧张状态。由于这些喜欢怀疑的人非常缺乏安全感，所以疑心重重的他们总是无中生有，想事情总是从消极的角度考虑。对于外界和别人对自己的态度异常敏感，别人只是无意随口说出的一句话都会被他们琢磨老半天，总要从中找出对方的"潜台词"。经常怀疑别人，把自己弄得郁郁寡欢、闷闷不乐。而且由于自我阻隔和外界的沟通导致自我封闭，很容易由对别人的怀疑转为对自己的怀疑导致自信心丧失变得怯懦、孤僻、神经质。那么如何消除自己的怀疑呢？善于管理情绪的人给了我们以下几点建议：

**1. 要理性地思考问题，不要无缘由地怀疑**

当自己开始怀疑的时候，要立刻寻找导致自己产生怀疑的原因，不要一个劲朝怀疑的方向去思考，而是应该从正反两个方面的信息来分析问题。

怀疑一般都是从自己的假想开始的。所以在刚出现怀疑迹象时就要开始控制自己，不要让自己胡思乱想，多问问自己为什么会产生这样的想法？理由是什么？除了自己想象的这个情况，难道就没有别的情况可能出现吗？

对于自己怀疑的事件一定要一分为二地分析，不要武断地下结论，进入"先入为主"的死胡同。只有拓宽思路、理性思考才能让自己的怀疑之心在得不到证实的情况下自动消失。

**2. 通过心理暗示，建立自己的自信心**

当你觉得别人在对你撒谎，在看不起你，在背后说你坏话的时候，你要在心里不断地告诉自己"我值得信赖，他不会骗我"、"我人很好，他没有理由说我的坏话"、"我能力很强，他不会看不起我"。通过这种心理暗示就能够给自己建立强大的自信心。

"尺有所短，寸有所长"，只要自己善待别人、理解和信任别人，那么无论你的能力是大是小都可以给别人带来帮助，给别人以良好的印象。完全不用担心和怀疑别人在挑剔自己。只要自己培养好自信心就能将自己从猜忌怀疑中解脱出来。

### 3. 学会和别人沟通交流

怀疑其实从某种角度上来说就是心灵封闭者自己人为地给自己设置心理障碍。假如不把这种障碍及时清除掉，就会加重和别人的隔膜，甚至加深别人的误解。

主动与你怀疑的人沟通和交流，开诚布公地把自己内心的怀疑和疑惑坦诚地提出来，与对方面对面地推心置腹地交流，这样就可以弄清真相，解除掉你的误解。只有加强交流互动才能增加彼此之间的信任，才能让怀疑之心烟消云散。

### 4. 无视流言，增强自己的调节能力

疑心重重的人要么是害怕别人在背后对自己说三道四，要么是对于一些别人说的流言蜚语无法辨别，甚至因为无法判断而轻信那些流言蜚语。

对于别人对自己的评头论足要学会无视，不要太在乎别人对你的看法。人生在世，难免会遭到他人非议。别人对你产生误会也是很正常的。大度一点，该怎么做就怎么做。

对别人的流言，不要根据三言两语就妄下结论和评价，要多角度、全方位地去看一个人或者一件事。只有综合地全方位地看问题才能真正了解事实真相，才不会因为流言就心生猜忌。实际上，所有的怀疑都是自己在束缚自己，捆绑的只是自己的手脚。许许多多的怀疑说穿了，挑明了，你就会发现其实都是庸人自扰。

第四章　自我激励：生命的辞典里没有"泄气"

　　自我激励是情商的重要组成部分，它也是决定一个人是否能够取得成功的要素之一。自我激励的动因仅仅是人体内的"内部体能"，例如习惯、愿望、想法、态度、情绪甚至个性。这样看来，我们每个人自身都有一个巨大的宝库，只要找到了钥匙，打开它，并行动起来，那么你就能进入成功的城堡。

## 我能，任何时候都要相信自己

情商高的人心里都明白，敢于挑战自己，首先要相信自己，坚信自己具备无穷无尽的潜力。

美国著名作家欧·亨利在自己的小说《最后一片叶子》中讲述了这样一个故事：

一个奄奄一息的病人在病房里看到了窗外的一棵树，树叶在秋风中一片一片地掉下来。病人看着那些飘落的枯叶，身体状况也越来越差，病情一天比一天严重。他说："等树叶都掉光了，我也就可以安息了。"一个老画家知道了这件事情以后，就画了一片生机勃勃的树叶挂在树上。

那最后一片叶子一直都没有掉下来，就因为树上的那片绿叶，那个病人居然奇迹般地活了下来。

情商高的人深信，人生最大的挑战就是战胜自己。有位作家这样说："自己把自己说服了，是一种理智的胜利；自己被自己感动了，是一种心灵的升华；自己把自己征服了，是一种人生的成熟。大凡说服了、感动了、征服了自己的人，就有力量征服一切挫折、痛苦和不幸。"而那些低情商的人，可能会抱怨外界环境和条件，其实，这些不过是自己找的种种逃避的借口。

春秋战国时期，一位父亲和他的儿子出征打战。父亲已做了将军，儿子还只是马前卒。又一阵号角吹响，战鼓擂鸣，父亲庄严地托起一个箭囊，其中插着一支箭。父亲郑重地对儿子说："这是家传宝箭，带在身边，力量无穷，但千万不可抽出来。"

那是一个极其精美的箭囊，厚牛皮打制，镶着幽幽泛光的铜边儿，再看露出的箭尾，一眼便能看出是用上等的孔雀羽毛制作的。儿子喜上眉梢，贪婪地推想箭杆、箭头的模样，耳旁仿佛嗖嗖的箭声掠过，敌方的主帅应声落马而毙。

果然，佩带宝箭的儿子英勇非凡，所向披靡。当鸣金收兵的号角吹响时，儿子再也按捺不住得胜的豪气，完全忘记了父亲的叮嘱，强烈的欲望驱使着他呼地一声拔出宝箭，试图看个究竟。骤然间他惊呆了。

一支断箭！箭囊里装着一支折断的箭！

"我一直带着支断箭打仗呢！"儿子吓出了一身冷汗，仿佛顷刻间失去支柱的房子，意志轰然坍塌了。

结果不言自明，儿子惨死于乱军之中。

拂开蒙蒙的硝烟，父亲捡起那支断箭，沉痛地说道："不相信自己的意志，永远也做不成将军。"

把胜败寄托在一支箭上，多么愚蠢，而当一个人把生命的核心寄托在外物上，完全不相信自己，又多么危险！这个故事告诉我们，自己才是一支箭，若要它坚韧，若要它锋利，若要它百步穿杨、百发百中，磨砺它、拯救它的都只能是自己。

我们要始终相信自己能够改变窘境，战胜困难。相信你能，才真能。

# 开掘自我潜能，唤醒内心的巨人

　　主动开掘自我潜能，是情商的核心内容之一。生活中，无论你处于社会的什么位置，什么职位，你都是一座宝藏。人的内在储藏着无尽的智慧和潜能，而且是永远挖掘不尽的。

　　美国学者詹姆斯根据其研究成果说："普通人只发展了他蕴藏能力的1/10。与应当取得的成就相比较，我们不过是在沉睡。我们只利用了我们身心资源的很小的一部分，而大部分甚至可以说一直在荒废。"这个世界上，每个人的潜能都是无限的，只不过，多数人不懂得去挖掘它罢了。

　　一天，有位十岁的男孩在一旁看父亲修理汽车，突然千斤顶滑落，将父亲的手紧紧压在车轮下。看着父亲痛苦的表情，男孩冲了过来，抓住车轮子，大叫一声，硬是把车轮子抬了起来，从而让父亲的手抽了回来……

　　不要说一个十岁的男孩，就算一个年富力强的成年人，也很难把车轮抬起来。那么，男孩是怎么做到的呢？危急时刻爆发出了超常的力量，这种力量不仅仅是肉体的反应，还包括心智和精神层面的力量。当他看到父亲的手被压在车轮底下时，他的心智反应是要去救父亲，一心只要把压着父亲的汽车抬起来而再也没有其他想法，可以说是精神力量引发出潜在的能量。

曾经有一位牧羊人，他发现自己养的羊都非常羸弱，甚至有的母羊生下的小羊羔连站立都成问题，他曾经试过各种办法来解决这个问题，比如，增加牧草的质量、增加营养，为羊打防疫针等，但这种状况仍然没有起色。同样是牧羊人，他隔壁的农户既没有他那样好的牧草，也没有像他那样大的牧场，但农户的羊却比他养的羊壮硕得多。牧羊人感到非常诧异，决定偷偷观察一下农户的饲养方法。

到了第二天早上，牧羊人去拜访了这位农夫，并说明了来意。这位农夫非常乐意为牧羊人解惑，所以邀请他一起去放牧，牧羊人开心地答应了。到了山上，牧羊人发现农夫只是将羊群赶到山坡上就坐在石头上抽起烟来，牧羊人非常惊讶，于是他问道："你就这样放牧吗？如果羊群走丢了怎么办？如果狼来了怎么办？"农夫憨厚地笑了笑说："不然呢？羊群有头羊，自己会找到家，如果狼来了就跑呗。"牧羊人豁然开朗，在拜谢过农夫之后回到了家中。

为什么牧羊人的羊要比农夫的羸弱那么多呢？因为牧羊人给羊提供的环境实在是太安逸了，羊不必再为了自己的生命担忧，所以它们的精神就开始放松。久而久之，由于缺乏紧张感，羊的体质自然会开始变弱。而农夫则不同，他虽然没有最好的环境，没有最优质的草料，但他让羊保持了逃跑的天性，由于羊在野外放牧既要吃草又要随时注意自己的周围，所以它们的精神时刻都是保持紧张状态的，一旦有什么风吹草动，它们就会立刻逃走，所以自然解决了羊身体孱弱的问题。其实农夫运用的方法非常简单，无非就是通过外部的刺激来让羊保持精神的高度集中，继而释放出羊自己的潜能而已。

对于人而言，道理是一样的。不善于管理情商的人，常常抱怨社会埋没人才，或是说一些什么"千里马常有，而伯乐不常有"之类的抱怨话。善于管理情商的人则不这样认为，因为他们知道社会是公平的，抱怨自己的才能遭到埋没，多半是因为自身的原因。比如，懒惰、安于现状、不思进取等，这类自我埋没的现象在当今社会屡见不鲜。如果我们能经常利用外界的刺激来激发自己的潜能，那我们在做事时就会多一分干劲和毅力，事情自然也会被更顺利地完成。

史蒂文在轮椅上已经生活20年了。年轻时，他也曾有自己的理想，然而上帝却给他开了一个玩笑，在一次意外事故中，导致他双腿瘫痪。从此，他觉得人生没有任何意义，便借酒消愁。一天，他醉醺醺地从酒馆出来，坐着轮椅正按原路返回。突然，从道旁的树丛中蹿出三个劫匪，抢他随身携带的钱包。

坚决不能让劫匪得逞，史蒂文紧紧护住自己的钱包，并大声呼救。劫匪气急了，竟然放火烧他乘坐的轮椅。轮椅很快就燃烧了起来，求生的本能让史蒂文忘了自己双腿瘫痪、不能行走，让人惊讶的是，他竟然从轮椅上站了起来，一口气跑了很远。事后，史蒂文说："当时的情况万分危急，如果我不逃走，轻则被烧伤，重则可能把我活活烧死在轮椅上。求生的欲望让我忘记了一切，于是我从轮椅上一跃而起，拼命向前奔跑。当我确信自己安全后，停了下来，这时才奇迹般地发现自己能走能跑了。"

现在，史蒂文身体健康，双腿与平常人没有任何两样，他找到了一份满意的工作，休息时还能到处旅游。

一双 20 年来无法动弹的腿，竟然于危在旦夕的关头站了起来。这不禁让我们产生疑问：到底是什么因素使史蒂文产生这种"超常力量"的呢？显然，这并不仅仅是身体的本能反应，它还涉及人的内在精神在关键时刻所爆发出的巨大力量。

著名作家柯林·威尔森曾用富有激情的笔调写道："在我们的潜意识中，在靠近日常生活意识的表层的地方，有一种'过剩能量储藏箱'，存放着准备使用的能量，就好像存在银行里个人账户中的钱一样，在我们需要使用的时候，就可以派上用场。"可见，每个人都存在某种特殊的潜能，要想取得成功，不仅要善于发现它，更要好好利用它。

# 自信，成功者的必备素质

日常生活中，情商低的人可能会对一件鸡毛蒜皮的小事耿耿于怀，灰心丧气，对自己和生活都失去信心。那么，怎样正确管理自己的情商，让自己变得更加优秀呢？建立自信心是最好的办法，因为自信是情商的核心之一。

情商高的人，内心充满了自信，他们相信自信的力量可以移动山岳，甚至在某些时候比希望更重要，希望看重的是未来，但自信则注重现在；自信不是乐观，但乐观是来源于自信的；自信不是热情，但是热情源于自信。从管理情商的角度来看，在各种成功因素中，自信的重要性仅次于思考、智慧、毅力和勇气。

卡耐基未发迹之前，在美国宾夕法尼亚州的一座普通工厂打工。尽管他非常努力，能力也高于普通工人，不过由于工厂中上层管理并不缺乏人才，卡耐基也没有很好的升职机会。但是他并不气馁，坚持相信自己一定能够一鸣惊人。

一天，卡耐基像往常一样进入车间，却发现车间里一片混乱，工人们都围在一起议论纷纷。卡耐基一问才知道，原来是调车场的线路出了问题，不能正常工作，上司没有上班，工人们也不敢乱动。卡耐基知道这并不是很复杂的问题，经过调试就可以解决。但是，越过车间总管调试线路，公司以往从没有先例，有几个经验丰富的技工也知道问题的解决办法，但是都不敢尝试。

卡耐基经过观察之后，决定带领大家对线路进行检修，他告诉大家，出了问题，他一人负责，并且用上司的名字在命令书上签了字。问题很快就解决了，上司来到车间的时候，一切运行正常。这件事很快传到了公司总裁那里，总裁马上将卡耐基调到总部并委以重任。

卡耐基没有像其他工人那样因为害怕惹麻烦而默不作声，没有害怕自己做不好，他在关键时候敢于出手，让别人见识了自己的自信和能力，从而取得成功。

善于管理情商的人都明白这样一个道理：自信是激发心理力量的有效法宝。有了自信，我们的才能和力量就可以取之不尽，用之不竭；一个没有自信的人，即使很有才能，也难以完全施展；一个自信的人，即使能力有限，他们敢作敢为的品质也会让他们慢慢提升。所以说，要想让自己变得更好，走得更远，自信是必不可少的一种心理因素。相信自己吧，相信，才有可能。

小美做的是保险销售工作。她刚刚在保险公司入职，第一个月里，并没有销售压力。每天听听公司的销售讲座，跟那些老同事一样，看一些推销的书籍，对着镜子喊振奋人心的口号。日子过得很开心。

可是第二个月一开始，业绩压力就向她袭来。早晨上班后，她坐在办公桌前，给目标客户打了两次电话就没信心了，对方不是说正在开会，就是说正在忙呢。她开始对自己的能力感到怀疑，觉得自己没办法说服客户，于是她产生了逃避的想法，只要能不打电话，就尽量拖着不打。

一天的时间很快过去了，小美一个意向客户也没有联系到。

小美对客户冷漠的反应感到恐惧，她没有信心打动客户、拓展业务，只好选择逃避。这样的销售人员怎么可能做出业绩呢。在销售工作中，不知道要被拒绝多少次，才能出现一个意向客户。客户的拒绝是销售工作中需要面对的主要问题，任何一个业务员也无法回避。一些人在最初的拒绝声中丧失了信心，而另一些复原能力非常强，永远充满自信的人，会把被拒绝当成平常之事。小美就属于前者，她拖拖拉拉地不肯去主动联系客户，而是把时间白白地浪费了。

林德曼博士是著名的精神学专家，1900 年 7 月他决定做一个心理实验，为此他做好了牺牲自己生命的准备。这项实验是：独自驾驶小舟，驶进波涛汹涌的大西洋，挑战生命中的不可能。

林德曼博士认为，一个人只要对自己充满信心，精神和肌体就能保持健康。当时，林德曼博士的举动，惊动了整个德国，大家都在关注这次悲壮的冒险。因为在他之前，已经有 100 位挑战者，但均没有活着回来。林德曼博士对他们的失败，从专业角度做了客观的分析，他认为这些人之所以失败，不是败在肉体上，而是精神的崩溃，最终死于绝望和恐惧。为了验证自己的观点是正确的，他才不顾亲友们的反对，亲自进行试验。

在这次充满惊险的航行中，林德曼博士遇到了常人无法想象的困难，在茫茫的大西洋中，死亡之神多次降临到他的身边，有时他甚至出现幻觉，并且运动神经也会出现麻痹状态。每当遇到这个时候，他就大声提醒自己："我不是懦夫，我不想重蹈他们的覆辙，我一定能够成功！"正是这种超强的求生欲望，激励着林德曼博士，最终他成功了。

后来，他在回忆这段充满惊心动魄的航行时说："我相信我一定能够成功，这个成功的信念发自内心，融入我身体里的每一个细胞内，给我带来了巨大的能量，最终使我战胜困难。"

林德曼的试验表明，只要你对自己不失望，充满信心，精神就不会崩溃，就有可能战胜困难而存活下来。

实际上，"能"或者"不能"，这完全是你的自信心决定的，你觉得自己行，就一定行。世上无难事，只要肯攀登，"你办不到"，这并不是一个真理，除非你的确反反复复地尝试过，不然没有人可以对你说："你做不到。"一个想成为将军的士兵，不一定能成为将军，但是一个不想成为将军的士兵，就一定不会成为将军。因为一个人根本就无法获得他自己不想要的或者不敢要的丰功伟绩。所以，情商高的人时刻会牢记这样一句话：当别人不相信你的时候，你一定要自信、要对自己充满信心，千万不要退缩，否则将永远无法迈出成功的第一步。

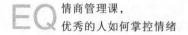

## 唯有持之以恒，才能向目标靠近

郑板桥曾经写过一首这样的诗："咬定青山不放松，立根原在破岩中。千磨万击还坚劲，任尔东西南北风。"天道酬勤，坚持不懈，最终才能获得成功。善于管理情商的人认为，假如想干出一番事业，恒心特别重要，因为只有持之以恒才能有所成就。"冰冻三尺，非一日之寒"。从这个现象看来，恒心是多么重要的事情。"一日曝之，十日寒之"、"一日而作，十日所辍"，这种三天打鱼，两天晒网的行为只会导致失败，而成功对他们而言则遥遥无期。

希拉斯·菲尔德先生经过多年的努力工作攒了一大笔钱，然而，退休后的一天，"铺设一条连接欧洲和美国的电缆"这个想法突然闪过脑际，紧接着他又想到电缆必须横穿大西洋。于是就开始为实现这项事业而做准备，并且全身心地投入其中。要建造一条长 1600 千米、连接欧、美两大洲的电报线路并非易事。该线路需从纽约跨入波涛汹涌的大西洋一直延伸到纽芬兰。纽芬兰 650 千米长的电报线路需要穿过森林，这些森林地区人烟稀少，所以，要完成这项工作需要先建立同样长度的公路，再建电报线路。此外，该线路还要穿越布雷顿角的岛屿，路线长达 700 千米，整个工程十分浩大，难度空前。

为了得到英国政府的资助，菲尔德使尽浑身解数，终于成功。议会上，许多人强烈反对他的议案，菲尔德只获得一票支持。但这并没有阻挡菲尔德前进的脚步——铺设工作开始了。电缆一头搭在英国旗舰"阿伽门农"号上——这艘旗舰停靠在塞巴斯托波尔海港；另一头放在美军护卫舰"尼亚加拉"号上，这只豪华护卫舰是新造不久的。但是，就在修建到中途时，电缆突然断了。

菲尔德不肯善罢甘休，更不愿意放弃，于是进行了第二次试验。当修了 320 千米时，电源不知何故突然中断，船上的施工人员非常着急，不知如何是好。就在菲尔德先生即将下令割断电缆的一刹那，电流却又出现了。晚上，船继续向前航行，时速达六千米，也就是说电缆的铺设也以六千米的时速进行着。这时，轮船忽然剧烈振动，并出现严重的倾斜，制动器紧急制动，无巧不成书，电缆又一次断了。

但菲尔德不是在困难面前轻易放弃的人。他毅然决然地又订购了 1130 千米的电缆，还出高薪聘请铺设电缆方面的专家为他设计机器，这样可以更快地完成任务。终于，两艘有历史意义的军舰抵达大西洋并顺利会和，电缆也成功接好；随后，一艘朝爱尔兰驶去，另一艘朝纽芬兰驶去。但是电缆在两船分开不到五千米时又断开了；接上后两船继续前进。两艘军舰相离 14 千米时电流又一次消失。第三次接上电缆后，铺设了 320 千米的线路，在距离"阿伽门农"号五米处又断开了，两艘船最后只好返回爱尔兰海岸休整。

大家都很失望，公众舆论也开始质疑其成功的可能性，更致命的是投资者受到了一次次的打击后，也对这一项目失去了信心，不愿意再投入人力物力。只有菲尔德还在坚持，如果不是他百折不挠的精神，不是他天才雄辩的说服力，电缆可能永远修不好。菲尔德不放弃，继续为了理想而忙前跑后，甚至到了废寝忘食的地步，他绝不甘心失败。

这样，又开始了第三次尝试，这次总算进展顺利，电缆全线贯通，没出现任何故障，这条海底电缆还成功地传送了几条消息，事情似乎就要圆满成功了，但不知何故，电流又断了。

此时此刻，想要坚持下去的人只剩下菲尔德和他的一两个朋友了，其他很多人都彻底失望了。但菲尔德仍然不放弃，他到处寻找资金，准备进行第四次尝试。这次他们购买了质量更好的电缆。这次执行铺设任务的是"大东方"号，它缓缓驶向大洋，一路顺利地把电缆铺设下去，最后，在纽芬兰铺设横跨 970 千米的电缆线路时，意外又一次发生了，电缆又断了，没入了海底。几次打捞都没有收获。这项工作就因此而被耽搁了下来。

但是菲尔德还是坚持不懈，任何困难都不能阻止他。他又出资组建新的公司，接着完成他的愿望。他们潜心研究，终于制造出了一种性能更好的新型电缆。1866 年 7 月 13 日，远航的风帆再一次扬起。

这次非常成功，第一份横跨大西洋的电报在菲尔德的不懈努力中问世了！电报内容是："7 月 27 日。我们晚上九点到达目的地，一切顺利。感谢上帝！这次的电缆运行完全正常。希拉斯·菲尔德。"不久以后，之前那条掉入海底的电缆被捞上来连接到纽芬兰。

菲尔德漫长的成功之路证明了只要持之以恒，学会自我激励，永不气馁，总会有意外收获。凡事只要坚持不懈、尽心尽力，困难总会过去，只要你勤勤恳恳、奋勇向前、坚持不懈，那么你就离成功不远了。

司马迁从小就游历了黄河、长江等地，收集了大量社会和历史方面的素材，为《史记》的写作奠定了基础。歌德被誉为德国伟大的诗人、小说家和戏剧家，他用 60 年时间搜集素材，完成了《浮士德》，对世界文学、哲学产生了史无前例的影响。有一分汗水，就有一分收获，这充分证明了持之以恒的重要性。

那些高情商，事业成功的人，基本上都是持之以恒的人。我们管理情商时，无论学业上，还是事业上，都是要这样做，因为持之以恒的力量是无穷无尽的。美国钢铁大王安德鲁·卡耐基在为柯里商学院的毕业生做演讲时，曾经这样告诫学生，他说："我能够取得今天的成功，就是我持之以恒的结果；如果我缺乏恒心，今天站在这里给你演讲的就不是我，而是其他的人。所以，我希望每一位同学，做事情时一定要有恒心、有毅力。"

的确，成功的果实，是以汗水为养料的，是以寂寞为根本的，再加上辛勤劳作之后而获得的，这和"天下没有免费的午餐"有异曲同工之处。持之以恒，自我激励，战胜困难，养成坚定执着的性格特点，并为之付出汗水和辛劳，成功最后一定属于你。

# 成功意识能产生成功的正能量

　　高情商的成功人士，在没有达到成功之前，成功的意识已经在他们的思想形成，因为他们明白，让自己产生巨大魅力的最基本条件，就是要有自己的想法，这个想法并不是转瞬即逝的，而是要一直贯穿在大脑中。只有这样，大脑才会散发出一些磁力，才能具备那些能够助你成功的条件。

　　一个人在山顶的鹰巢里捉住了一只幼鹰，他把幼鹰带到家里，并且把它放在鸡笼里养活。这只幼鹰和鸡一起啄食，一起嬉闹和休息。它也始终以为自己是一只鸡。当这只鹰渐渐长大的时候，羽翼丰满了，主人想把它训练成为一只猎鹰，但是因为它整天和鸡生活在一起，它已经彻底变得和鸡一样，飞翔对它来说已经遥遥无期了。

　　主人在尝试了很多方法都告以失败以后，最终只能把它带到山顶上，一下子将它扔了出去。小鹰在情急之中拼命地扑打翅膀，最后它终于会飞了！

　　从这个故事中，我们可以发现，刚开始由于这只鹰以为自己是一只鸡，每天在草地上找虫子吃，就算它具备飞翔的能力，也不会轻易扑打自己的翅膀。正是鸡的意识，让它认为自己只能偶尔在草垛子上扑腾两下，这是因为意识决定潜力能否发挥。

　　当这只鹰被人从山顶扔下去的时候，求生的潜意识远远超过"自己是只鸡"的意识，在这样的状态和意识之下，起决定作用的是潜意识，让它以前所没有发现的飞翔能力超乎寻常地发挥出来。就这样，这只"以鸡自居"的鹰学会了飞翔。

　　成功来源于成功的意识。意识的吸引力发生作用的基础是你必须有一个志向，有成功的意愿，有奋斗的目标。当你把这个志向长久坚定地刻在心中时，你的意识自然就会发挥吸引作用，让你的周围充满成功的机会和有利于成功的因素。

　　弱者等待机会，强者制造机会。所谓强者，首先要具备明确的理想，是对自己的成功极度渴望的人。他们之所以能够最终获得成功，就是因为他们可以让自己的成功志向转化成为一个高强度磁场，最终使这个磁场发生引力，让成功机会和成功因素不断地向他们身边聚集。

　　勒格森·卡伊拉出发时带了五天的食物、一本《圣经》和一本《天路历程》、一把用于防身的小斧头和一块毯子。带着这些，他将徒步从他的家乡尼亚萨兰的村庄向北穿越东非荒原到达开罗，然后经水路到达美国，开始他的大学教育。那一年，勒格森只有16岁，虽然父母不知道美国竟那么遥远，但他们还是诚心地为勒格森的旅途祈祷。

开始，勒格森的想法和村里人一样，认为学习对于居住在尼亚萨兰卡荣谷镇的穷孩子来说只是浪费时间。但后来他的思想发生了转变，他从传教士提供的书籍中看到亚伯拉罕·林肯和乔治·华盛顿。这些伟人的故事启发了他，他开始对自己的生活重新定义，并且认识到接受教育是他实现梦想的第一步。于是，他就有了走路到开罗的想法。不在乎身无分文，也没有任何的办法支付船票；根本不知道要上哪所大学，也不知道会不会被大学接受；不去想从开罗到华盛顿有3000英里之遥，还有上百个部落散布在途中，那些人说着50多种语言。抛开这些想法，勒格森出发了。他必须踏上征途。他一心只想着那一片可以帮助他把握自己命运的土地，其他的一切都不去想。

在崎岖的非洲大地上艰难跋涉了整整五天以后，勒格森仅走完了25英里。食物吃完了，水也快喝完了，而且他没有一分钱。要想继续完成后面的2975英里的路程看似毫无希望，但勒格森清楚地知道回头就是放弃，就是回到愚昧穷困的原点。他对自己发誓：不到美国我誓不罢休，除非我死了。于是，他继续前行。

有时，勒格森同陌生人同行，但大部分时间他都是孤独的。每到一个新的村庄他都非常小心，因为不知道当地人对他的态度。有时他找到一份工作，暂时有栖身之所，但大多数夜晚却是过着以天为被、以地为床的生活。他依靠野果和其他可以吃的植物维持生活，艰难的旅途生活使他的身体极其虚弱。

有一次勒格森发高烧，病情很严重。好心的陌生人用草药为他治疗，并给他提供地方休息和养病。由于灰心丧气和穷困疲乏，勒格森几欲放弃。他开始思考："回家也许会比继续这似乎愚蠢的旅途和冒险更好一些。"

但最终，勒格森相信自己能成功的意识战胜了他的惰性。他又恢复了对自己目标的信心，继续前行。从开始这次冒险旅行到1960年，已经过去了好几个月了，勒格森走了近1000英里，到达了乌干达首都坎帕拉，并在坎帕拉待了六个月，干点零活，一有时间就到图书馆，疯狂地阅读各种书籍。

在图书馆里勒格森找到一本关于美国大学的指南书，他被一张插图深深吸引了。那是个看上去庄重而友好的学院，有蔚蓝的天空，喷泉草坪错落有致，环绕学院的群山使他怀念起家乡那巍峨的山峰。位于华盛顿佛农山区的斯卡吉特峡谷学院成为勒格森申请的第一个具体的院校，他决定立即给学院的主任写封信，述说自己的境况，并希望得到奖学金。由于害怕被斯卡吉特拒绝，勒格森决定在他的微薄积蓄允许的情况下，给尽可能多的院校寄去自己的申请。其实并不用这样，斯卡吉特的主任被这个年轻人的坚定信念深深地感动了，不仅接受了他的申请，还向他提供了奖学金和一份工作，其工资完全可以支付得起他上学期间的食宿费用。勒格森向着自己的梦想迈进，但是更多的困难仍然阻挡着他的道路。

要到美国去，护照和签证必不可少，但是要想得到护照他必须向美国政府提供自己确切的出生日期证明。还有一件事情更难办，他还需证明他拥有可使他往返美国的费用。勒格森只好再次拿起笔给童年时曾帮助他的传教士写信，结果，传教士通过政府渠道帮助他很快拿到了护照。然而，勒格森还是缺少领取签证时需支付的那项飞机票费用。勒格森并不灰心，而是继续向开罗前进，他相信通过自己的努力一定能得到自己需要的这笔钱。他坚信自己可以达到目标，于是他用身上仅剩的钱买了一双新鞋，使自己不必光着脚走进学院的大门。

几个月过去了，他勇敢的旅途事迹广为人知。当身无分文、筋疲力尽地到达喀土穆时，他的传奇经历早已在非洲和华盛顿佛农山区广为流传了。斯卡吉特峡谷学院的学生们在当地市民的帮助下，寄给勒格森 650 美元，这样他才能有机会支付来美国的费用。当得知这些人的慷慨帮助时，勒格森疲惫地跪在地上，满怀欣喜和感激。

1960 年 12 月，耗费了两年的时间和路途，勒格森终于来到斯卡吉特峡谷学院。手持自己宝贵的两本书，他骄傲地跨进了学院高耸的大门。毕业后，勒格森继续他的奋斗事业，继续进行学术研究，并定居英国剑桥大学成为一名政治学教授。

谁能想象得到一个从小生活在非洲而且几乎寸步未离开家门的青年，为了能够得到大学的教育而不远万里，从非洲一路步行来到美国？但是勒格森做到了。他为成功奋斗的经历成为我们人生航行中那耀眼的指向标，其光芒一直为人们指引着前进的方向。

　　所以，我们在管理情商、为事业奋斗的过程中，一定要树立成功意识；如果缺乏成功的意识，无异于在杯罩中四处乱撞的苍蝇，不可能获得成功。形象地说，成功就是人生顶端的一顶皇冠，唯有始终坚信自己能得到它并通过不懈的努力和拼搏，这顶皇冠才能真正属于你。

# 再坚持一点点，就能突破临界点

水在温度低于 0℃后，就成了冰；而在温度超过了 100℃之后，就会变成水蒸气。在物理变化过程中往往存在着这样的临界点，物质在突破临界点后，它的状态甚至性质会发生变化；在化学变化的过程中，开始时难以看到变化的痕迹，但是一旦当温度、湿度等外部环境超过了物质本身的一定标准，达到临界点之后，自然就会发生反应，产生出新的物质。

由此可见，临界点是一个十分重要的标志。再坚持一分钟，达到了临界点，就可以得到完全不同的结果。

情商高的人提示我们，人的一生中遇到这样或那样的问题和挫折是再正常不过的事情了，就在你咬紧牙关的那一刻，或许就是你做一件事情的临界点。临界点就好比是从量变到质变的那个交界处，很多的人都是在"量"的积累过程中放弃了，更让人感到惋惜的是有些甚至就在那最后的一步放弃了。只有一直坚持下去的人，才会跨过"临界点"，最终达到质的飞跃。

曾经听过这样的一个故事：

19世纪美国西部发现了一个大金矿，许多人蜂拥而至。有个年轻人买了一处矿脉，他辛辛苦苦地挖掘了一年，竟然连金子的影子都没有看到。他很失望，心想：哎，我真是倒霉，花了这么多的钱竟然买了一块没有矿藏的土地。经过再三犹豫，最终他还是放弃了继续挖掘，垂头丧气地卖掉了这片土地，两手空空地返回故乡。

买下这片土地的人请专家勘察了地质状况，结果专家的回答让新矿主惊喜万分：现在只要稍稍再挖一下，金矿就会出现！他按照专家的指点继续挖掘后，没过多久果然看到了金矿，于是，新矿主就这样轻而易举地得到了巨大的财富。

不少人们在做了99%的事情后，就放弃了本可以让他们成功的1%。不要让这种"只差一点"发生在你身上。善于管理情商的人时刻提醒自己，失败往往不是由于我们不够努力，而是由于我们不够坚持，当我们放弃了坚持的时候，成功自然也放弃了我们。正所谓"九九进一，成在其一"。这"一"的增进包含着成功的大智慧。无论是做什么事情，在你走完了99步，剩下的最后一步往往是黎明前的黑暗，这也是考验你信念的关键一步，只要你咬紧了牙关，再多努力一点点，再多坚持一点点，再多一点点思考和试验，也就能够成功了。

有一位熨衣工人和妻子一起艰难地生活着。这个工人的梦想是成为作家，所以即便是在非常困窘的环境下，他每天还是要用休息的时间不停地写作，把他的余钱全部用来付邮费，寄原稿给出版商和经纪人。不幸的是他的作品全给退回来了，理由是作品没有出版的价值。

尽管如此，他还是一直坚持写作，不断地把自己认为好的作品寄给出版商。一天，他把一部认为很有希望的作品寄给出版商皮尔·汤姆森。几个星期后，他收到汤姆森的回信，说原稿的瑕疵太多。不过汤姆森的确相信他有成为作家的希望，并鼓励他继续写。

在以后的18个月里，这位熨衣工人先后给出版社编辑寄去了两份原稿，但编辑都毫不客气地给退回来了。这时，他有些泄气，开始怀疑自己。

一天夜里，当他生着气，把一部稿件扔进垃圾桶后，恰好被妻子捡了回来，妻子鼓励他不要半途而废，成功已经距离他很近了。

受到妻子的鼓舞，他重新燃起希望，又开始每天写作。又一部稿子出炉了，他又把这部小说寄给汤姆森，经过这么多年的挫折，他对此并没有抱什么期望，心想肯定又是被退回。但这回，汤姆森的出版公司预付了2500美元给他，这次他真的如妻子说的那样，他成功了！于是经典恐怖小说《嘉莉》诞生了，这本小说后来畅销500万册，并改编成电影，成为1976年最卖座的电影之一。这个熨衣工人就是后来的著名作家史蒂芬·金。

没有谁总会一帆风顺，当我们遇到挫折、困难时，是很容易失去勇气的，这时候就需要你以永不言败的精神坚持下去，即使现在什么都没有得到，也不要有放弃的念头。由于一时的失败就放弃梦想，就半途而废，只能让你与成功失之交臂。在跨越"临界点"的那一刻，你之前所有的心血都可能会获得回报。

1492 年 8 月 3 日，哥伦布受西班牙国王派遣，带着给印度君主和中国皇帝的国书，率领三艘百十来吨的帆船，从西班牙巴罗斯港扬帆出大西洋，向正西驶去。

他们在浩瀚无边的大西洋上航行了七十多天，别说新大陆，连一丝陆地的影子都没有。饥饿、病痛、恶劣天气、船上的艰苦环境，让水手们越来越怀疑和失望，他们只希望回家，甚至威胁哥伦布说，如果不立即返航，就把他杀死。

但哥伦布觉得如果就此放弃，那就等于白走一遭，于是他对水手们说："请相信我，只要再往西走一点，我们就一定能看见陆地！胜利就在前方，不要放弃啊！"这充满斗志的话语鼓舞了船员，于是他们继续前行，终于，经过昼夜不息的艰苦航行，1492 年 10 月 12 日凌晨他们发现了新大陆。

没有完成最后一公里，那么就意味着之前的努力都白费了，结果还是零。情商高的人与普通人的区别就是，当别人都因为丧气而选择退却的时候，他们却坚守目标，凭着"不达目的誓不休"的精神，不气馁、不退缩，奋斗到底，跨过重重困难的"临界点"，最终获得成功。不能跨过生命的临界点，那么我们就只能尝到失败的苦而错失成功的甜。

在事业中要想取得成功，尤其需要有挺过临界点的勇气和坚持到底的耐力。在失败面前，只要你坚持下去就会有希望。没有人能一步登天，磨炼是人成熟的一个阶梯，失败只是暂时的。不要因为暂时的失败而半途而废，尤其是在快要成功的时候，只要再坚持一下，跨过一个个的阶梯，跨越"临界点"，就能走出困境，拥抱成功。

# 第五章 了解他人：美好的人生从读懂对方开始

　　一个高情商者能够读懂别人的心理以及情绪变化，并以此不断地调整自我的行为以及语言避免冒犯甚至伤害他人。所以，要想做一个高情商者，就一定要在开口前，先去读懂对方的心理，再说合时宜的话，做合时宜的事。否则，你很容易在无意间冒犯或者伤害到他人。

## 了解一个人，要看他的眼睛

高情商者善于体察他人心理以及情绪变化。当然，要正确地体察别人的内心世界，除了察言观色，最重要的是要看对方的眼睛。人们常说，眼睛是心灵的窗户，就是说，我们通过审视一个人的眼睛便可以破译一个人的心理密码。其实，要通过"窗户"去看心灵，重点是要去审视一个人的眼神。

凯特是某外企公司的人事部主管，被邀请参加某一世界知名公司的人际关系培训班的毕业典礼。凯特想在了解了该培训班培训师的来历之后再做决定是否要参加这个培训班。

看着那些毕业的人用被强化训练出来的语言振振有词地讲述自己的心得体会，还有那位培训师的脸上始终挂着的定格式的笑容，坐在前排的凯特感到莫名的困惑，因为她无法看透那笑容的背后隐藏着什么，是真诚还是客套？也无法被那张堆满"诚意"的脸所感染。典礼结束后，凯特走向那位培训师，做了一下自我介绍，就在他们握手的那一瞬间，他们四目相对，凯特才恍然大悟：原来使我产生困惑的是他的眼睛。

看了那双眼睛后，凯特如此说道：阴冷，高深莫测，虚实不定。那双眼睛漠然地在我身上扫视了一遍，对我并无兴趣。眼里没有一丝笑意，与他那张满微笑的脸是那么格格不入。我的困惑终于解除了，原来他的笑是强化训练出来的职业笑容。从他的眼睛可以看出他的心里并没有笑。那么这位心里不会笑的人能说是一个优秀的人际关系培训师吗？不是，因为他的眼睛在告诉我，它主人的内心没有真诚的阳光，他是个很虚伪的人。最终我没有参加这个培训班。

著名作家爱默生这样描述过我们的双眸："眼睛如同我们的舌头一样能表达，只是它的优势不需要任何字典，就能被全世界理解。"无论是情商高的人还是低情商的人都知道，眼睛是我们心灵的窗户，它同人们的思想情感有很大的关系。而情商高的人更清楚，心理中深层次的欲望和情感，首先反映在眼神上，眼神的变换、集中的程度等都能表达出不同的心态，观察人的眼睛，有助于人与人之间的沟通交流。所以，善于管理情商的人提醒我们，要想知道屋中的情形，很简单，爬上窗台；同样的道理，要想知晓人们的内心状况，就先去读懂他的眼睛。

一天下班时，沈经理叮嘱小萧不要急着走，说有事与他商量。小萧一时愣住了，他感到有些惊讶，于是将近来上班时做的事情像放电影一样全部在脑海里过了一遍，并未发现有任何异常之处。他开始有些担心，却不知道沈经理找他到底有什么事情。在去沈经理办公室的路上，他莫名其妙的感觉还在继续着，但是，一到沈经理的办公室坐下，看到沈经理那沉静且略带笑意的眼神，他的紧张感全消失了。而后，他也得知，经理是在向他宣布一个好消息：鉴于他工作业绩出色，公司领导层正在考虑提拔他做市场部主管。

小萧的紧张感消除源于沈经理那沉静且略带笑意的眼神，虽然还不知道经理是要向他宣布"升职"的好事，但当看到沈经理那眼神时，他的紧张感马上就消除了，这就说明眼神的交流的确能够让人提前获得他所想要的信息。

有时候，同样在做一件事，情商低的人会发现自己的行动总是慢一步，而别人的行动总是能快一步，这是为什么呢？原因就在于，情商高的人善于通过观察他人的眼神来捕捉信息，并及时做出行动。

一个人在行路时，突然遇到一个持刀抢劫的强盗，他们的眼神的变换就很有趣。一开始，强盗在发现可以实施抢劫的对象时，一面会对行人说"把钱留下"，一面又会把目光望向手中的匕首，目的是希望引起对方对凶器的重视，从而胁迫对方乖乖就范。

行人突然遭遇此事，心中是非常害怕的，他不敢用眼睛直视强盗，只是不断说些好话，试图博取强盗的同情心。同时，他的目光也会微微瞥向强盗，看他是否有所松动。倘若强盗被行人不配合的话语激怒了，便会愈发凶狠起来，死死盯住行人，命他赶快交出身上的钱财。

此时，行人的心中是矛盾的，是反抗，还是就此妥协？他会下意识地去摸口袋，同时眼睛不停地眨动，思考下一步的对策。而强盗为了尽快得手，则会变本加厉，极尽各种侮辱谩骂之事，催促行人快快交出钱财。

行人终于被逼得忍无可忍，开始反转形势，只见他猛然抬头，直视强盗，猛地扑上去，打掉强盗手中的刀，并用目光严厉地盯着强盗。强盗被这突如其来的反击弄糊涂了，看看行人，看看自己，似乎不相信这是真的，等他终于确信了眼前的一切时，会反过来巴望对方，以求对方饶恕。

在这一幕中，行人的眼神变化和强盗的眼神变化是非常微妙而有趣的。如果当时你在场的话，也一定能够从他们的眼神中读到他们的内心情绪，或害怕，或犹豫，或坚定……眼睛是心灵的窗户，它的确能够真实反映人的内心剧变过程。

我们在人际交往中，一定要懂得，通过"阅读"他人的眼睛，能够看懂对方真实的内心和实际想法，这是每个人交际生涯中非常重要的能力与技艺，它决定着你能否有效地与对方交流。一个不会用眼睛与人沟通的人不会成为一个高效的交流者。善于管理情商的人，往往能从他人的眼睛中读出来一些含义：

**1. 眼神镇定**

看对方眼神镇定，可知他对于你棘手的问题，早已胸有成竹，胜券在握。向他请教方法，表示焦虑，如若他不肯明说，这是因为事关机密，不必再问，只静待便是。

### 2. 眼神散乱

看对方眼神散乱，便知他也没辙，徒然着急，向他请教，也是无益。你要沉着冷静，再想应对之策，不必再问他，否则，只会使他更加六神无主。

### 3. 眼神阴沉

见对方眼神阴沉，便知这是心情欠佳的信号，与他交涉，须处处小心。言语行为需更加谨慎，以免冒犯此人，使其心情更加恶化。

# 听懂"弦外之音"，尊重他人的意愿

沟通的成败往往与情商的高低有直接的关系，情商高的人是非常善于识别他人情绪，并与之共鸣的。我们识别一个人的情绪，不仅要能看得出他所表现出来的情绪，还要能识别出他没有表现出来的情绪，也就是我们常说的"弦外之音"。一个不会听"弦外之音"的人，不会是个沟通高手。

一天，美国最受欢迎的主持人林克莱特采访了一个小朋友，林克莱特问他："你长大后想干什么？"

小男孩天真地说："我想当飞行员。"

林克莱特接着问："如果有一天，你的飞机飞到大西洋的上空，所有的引擎都熄火了，你会怎么办？"

小男孩思考了一会儿说："我会先告诉飞机上的人，请系好安全带，然后打开我的降落伞跳下去。"

现场的观众笑得东倒西歪，然而，林克莱特继续注视着这个孩子看看他是不是一个自以为是的孩子。

没想到，小男孩的两行热泪夺眶而出，孩子的悲悯之情深深地打动了林克莱特。

于是林克莱特接着问他："你为什么要这么做？"

"我要去取燃料，我还要回来的，我还要回来的！"小男孩的答案流露出一个孩子真切的悲悯情怀。

当小男孩说他要挂上降落伞跳下去时，谁"听"出了小男孩的话外之音呢？

我们需要聆听的是话语中的含意或者是引申义，而不是文字单纯的表层含义。只有在真诚的聆听中，我们才能通过文字，发掘对方的心灵。但并非所有的人都能做到这一点，一些不能准确抓住他人言语中细节信息，不能站在他人的角度看问题的人，便不能准确识别他人的情绪，难免使沟通出现障碍。

晏子的语言智慧可以说是流芳千古的。有一次，齐景公的一匹爱马突然病死，他迁怒于养马人，下令将养马人推出去斩首。

晏子听说后，他略一思索，便跪到齐景公面前数落起养马人的"罪状"来："大王，您想处死养马人，应该先让他知道，犯了什么罪才行呀！现在让我来列举他的三条罪状，请您听一听。"

齐景公点头同意，晏子便对着养马人高声说道："你为君王养马，却把马养死了，这是第一条罪状；死掉的这匹马，又是君王最喜爱的，所以又增加了一条罪状；因为马的死，君王要处死你，这消息如果让老百姓知道了，他们就会怨恨君王，让邻国知道了，他们就会看不起齐国，让君王背上一个重马不重人的恶名，这不是你的第三条罪状吗？你犯下如此三条大罪，就应该处以死罪。"

齐景公听完这些话，觉察到了晏子的言外之意，遂有所醒悟地说："把养马人放了吧！别损害了我的仁爱名声。"

这里，晏子就是一个情商高的人，他的话表面上处处顺着景公的心意，口口声声数落马夫的罪状，而实际上却是字字句句劝诫齐景公，从反面申述齐景公的错误，点出杀掉马夫的危害是"积怨于百姓，示愚于诸邻"。这种蕴涵大义的弦外之音，齐景公还是能听得出来的，于是便释放了马夫。

一个小职员到上司家里请求上司帮忙办事。上司的太太很热情地招待了他，给他端茶倒水，让小职员感到很亲切，竟然开始滔滔不绝地和上司聊了起来。这时候，天色已经很晚了，上司的孩子要早点睡觉，第二天还要上学，上司的太太也已经很疲倦了。但是，小职员毫无眼色，仍旧热情洋溢地说个不停。

如果这时候直接下逐客令显然是不合适的，那么，怎样才能既照顾对方的感受，又能达到说话的目的呢？上司的太太灵机一动，想出了办法。

上司的太太到厨房去收拾了一下果盘餐具，然后回到客厅对先生说："人家这么晚来找你办事，你赶快给人家想出解决办法，别让人家一直等着，这天都不早了。"然后，她对小职员说："要不你再喝一杯茶吧，别着急啊。"这个小职员听了上司太太的话，当然懂得话里的玄机，马上起身告辞了。

在人际沟通中，听懂"弦外之音"对了解一个人的真实想法是非常重要的。情商高的人在与人交流时都深谙此道，因为能设身处地地为他人着想，所以他们不仅能听他人说到的，还能注意听他人没有说到的。

情商低的人，之所以在与人交流时遇到障碍，并不是不能细心聆听别人讲的话，而是没能听出那些"弦外之音"。尤其是碰到一个言谈比较含蓄的人，就更要仔细聆听和揣摩对方的真实意图了。那么，在与别人交往的过程中如何才能听出对方的心声呢？情商高的人告诉你可从以下几个方面进行分析。

1. 如果说话者平时说话并不会轻声细语，可是突然有一天有反常的表现，那么只要观察对方的动作、态度，就能找到原因。比如有人说话快可能是为了掩饰内心的不安全感，或是具有自卑的心理。

2. 如果一个人总爱发牢骚，也爱倾听别人的谈话，那么这个人一定是个缺乏自我主张且没有控制能力的人。

3. 如果一个人说话时眼神飘忽不定，或者坐立不安，或者不自觉地抚摸下巴、做托腮状，那么这个人一定是个缺乏自信心的人。

4. 如果发现对方欲言又止，这就需要聆听者谨慎地追问一下后面的话。

当然，要想完全听懂一个人的真实心声，最重要的是能站在别人的角度多想想，即能真心实意地为他人着想，而且还要与整个事情相联系，分析事情的前因后果，同时也与个人的知识水平、社会阅历和工作经验等有关。

## 习惯性动作暴露情绪指数

每一个人或多或少都会有些习惯性小动作，这些小动作被形象地称为"身体语言"。例如，有的人喜欢摸头发、有的人喜欢抠鼻子、有的人喜欢拉衣角、有的人喜欢咬手指……这些动作看起来没有什么特别的地方。但是，在高情商人的眼里，这些小动作在特定的环境下，可以揭示出一个人当时的情绪指数。

自从和蓝莓结婚后，孟阳很久没有和哥们儿聚会了。周五这天，眼看就要下班了，孟阳拨通老婆蓝莓的手机，告诉蓝莓晚上要加班。蓝莓知道孟阳平时爱贪玩，恰好明后天又赶上双休，所以她对老公的话有些怀疑，便一阵拷问。电话那边，孟阳一千个发誓一万个保证，说手中的活儿必须今天赶出来，不然的话，就要扣当月的奖金。蓝莓半信半疑，答应了孟阳的"加班"要求，并叮嘱他不要工作得太晚。

挂上老婆的电话，孟阳像一个胜利者一样，高兴得手舞足蹈，惹得周围的同事以为他精神出了问题。他忙向同事解释后，又连续拨出了几个电话。刚到下班时间，孟阳的脚板像抹了油一般，从公司奔了出来。并一口气冲到楼下，打上出租车，向聚会的地点奔去。这个晚上，没人唠叨，没人不让抽烟，没人拖着他一起看肥皂剧，孟阳和哥们儿一起玩得十分开心。为了让蓝莓相信自己在公司内加班，饭桌上孟阳硬是一口酒也没喝。

深夜23点多时，聚会结束了。孟阳和哥们儿一一挥别后，打车向家的方向驶去。半个小时后，出租车驶进孟阳所在小区。付钱下车后，孟阳向自己的家走去。刚出电梯，孟阳停下脚步，仔细对身体检查一遍，确认没有什么蛛丝马迹后，才放心地拿出钥匙，打开房门，蹑手蹑脚地进入家门。蓝莓早已入睡，孟阳简单洗漱后，进入卧室。躺在床上，孟阳心里美滋滋的，心想蓝莓还是挺好骗的，下次想和哥们儿聚会时，还可以使用这招。

第二天，吃早餐时，蓝莓关切地问道："你现在还满脸的疲惫，昨晚加班那么晚，工作应该都完成了吧。"

孟阳说："可不是嘛，最近的工作量特别大，都快把我累趴下了。"

孟阳的话刚说完，蓝莓呵呵一笑，说："别给我编了，老实交代吧，昨天到底干吗去了？"

"没有啊，我就是……在公司加班去了啊。"

蓝莓见孟阳狡辩，说道："再不承认，我就把电话打到你公司里去，问你有没有加班。"说着，蓝莓站起身，准备去拿电话。

孟阳一把抓住蓝莓的手，满脸赔笑，说："对不起，老婆，我骗你了，昨天我跟一帮哥们儿玩去了。"

吃饭的过程中，孟阳心里一直犯嘀咕，"明明做得天衣无缝，老婆是怎么知道自己在撒谎？"

蓝莓看着丈夫疑惑的表情，偷偷笑了，其实她一点都不知道昨天孟阳骗她了，不过是在今天早上随口问他的时候，孟阳摸了好多下鼻子，这才让蓝莓起了疑心。因为孟阳一紧张，就会摸鼻子。

真没想到，"摸鼻子"这个简单的小动作居然可以暴露人的情绪，这并非没有科学依据。美国心理学家发现：当人撒谎时，紧张的情绪会让他们鼻腔里的细胞组织充血，使鼻子较之平常更大、更红肿。尽管上述变化可能不明显，其他人用肉眼也许根本就无法注意到，但撒谎者本人却会因为鼻腔组织充血而感到搔痒并用手去抓挠。

情绪往往会带动身体内部组织的运动，从而带来一些外在的表现。善于管理情商的人通过日常生活中的观察，给我们总结了以下几个方面。我们了解了这些习惯性的小动作，就可以更好地了解他人，从而使自己的情商得到提高。

### 1. 指手画脚

情商高的人认为，有这种小动作的人，一般情绪会比较容易冲动，他们的情绪仅从话语的宣泄中得不到满足，迫切需要通过身体语言发泄出来。而且，这些人探听他人秘密的兴趣特别浓厚，自己知道了的事情，便急不可待地传播出去，有"语不惊人死不休"的性格。

### 2. 以手掩口

情商高的人认为，这种人很容易情绪低落。他们的表现多是为了掩饰自己内心深处的秘密，不希望让人察觉，有过分自卑的倾向，多是具有双重性格的人。

### 3. 时常轻拍别人肩膀

情商高的人认为，这是人比较明显的骄傲情绪，他们感到自己比别人强或占优势，才会以轻拍别人肩膀来传递自己对别人的同情或支持。

### 4. 把手指关节弄得"啪啪"响

情商高的人认为，有这小动作的人在内心对即将面对的事物有恐惧的情绪，所以需借助手指发出的声音来为自己壮胆。有这种习惯性动作的人一般爱故弄玄虚，虚张声势。

### 5. 抓头发

情商高的人认为，喜欢抓头发的人都是比较健忘、易受情绪支配的，当情绪不稳定时便不自觉地做出这个动作，希望在惶恐时抓住一些凭借。

### 6. 拖着鞋走路

情商高的人认为，这些人多数都是意志消沉，不大懂得争取改善困境的人，遇到困难时，只会采取拖延时间的政策，希望可以做一天和尚撞一天钟，得过且过。

以上一些小动作的分析可以对我们了解他人情绪有一定的帮助，当然这些也只是一般意义而言，要想从根本上了解他人情绪还是要通过真正的理解及耐心的沟通。

# 通过声音，读懂对方的内心世界

人的声音是气流通过振动而发出的声波，当我们说话时，语调会出现抑扬顿挫的现象。人体对声波的感觉并非没有限度，听觉器官能够感受到的频率大约为 20 赫兹到 20 千赫兹。这其中，人的声音能够有效地传达出一个人内心的情绪，也就是说，声音带有感情色彩，能够向他人传达十分复杂的内心情感，即我们平时所说的"音色"，善于管理情商的人通过它，可以有效地观察出一个人的内心世界。

李默从小非常喜欢西方的歌剧，加之自身条件优越，考上了一所著名的音乐学院。眼看着自己儿时的梦想正逐步变成现实，李默异常地高兴。可是，这种好心情并没持续多长时间，他就变得有点闷闷不乐了。

原来，李默自从进入心仪的音乐学院后，每天早上，同学们都还没起床，他就第一个走出宿舍，去操场练习发声；除了学好书本上的知识外，他还收集了很多西方经典歌剧的影像，利用业余时间，对着画面上的口型一字一句地进行模仿。可见，在通往艺术的道路上，李默下了比其他同学更多的工夫，可是无论他怎么努力，却丝毫没有长进，甚至比其他同学还要慢半拍。李默有些泄气，但更多的是不服气。百思不得其解之际，他找到老师问明其中缘由。

老师听完李默的讲述后，略微一笑，慢条斯理地说道："你现在就把歌剧《哈姆雷特》中，老国王的鬼魂向哈姆雷特申诉的那段唱给我听一下。"李默原本是向老师诉苦的，让他没有想到的是，老师竟然让他唱一段歌剧。此时的李默，心里的火气顿时冲上脑门。他真想质问老师，为什么让自己唱一段。但是，毕竟是自己的老师，李默只好强压住心中的怨气。李默努力调整自己的情绪，将一肚子的火气发到这段歌剧上了。

一曲唱罢，李默心中的火气虽然消失了许多。不过他心里明白，自己刚才唱歌剧的情绪，老师一定能够听得出来。想到这里，李默心里发虚，不敢直视老师的眼睛。

没想到老师却说了一句："嗯，唱得很不错。比以前要好了很多。"

"什么？老师您在说什么？"老师的话出乎李默的预料，他有点不敢相信自己的耳朵，"怎么可能呢，刚才有好几个地方我都没有控制好，发出的声音还出现抖动现象，难道您没有听出来吗？"

老师继续用肯定的语气说："没错，唱得就是很好。这次总算能让听众从你的声音中领会到你的情感了。你正如那个鬼魂一样声音里带足了怨恨的气息。嗯，其实你以前唱得就很不错。你的发声方面的基本功已经很扎实了。可是，有一点一直在阻拦你的进步，那就是，你唱歌时总是缺乏感情，你的声音没有生机，纵使它多么的标准规范也枉然。这也就是我们常说的不在状态。听众们所听到的你所谓的歌剧倒不如说是诵经。所以，你想要进步那是根本不可能的事情。那么现在你应该知道自己刚才为什么唱得好了吧：以前你的声音传递给我的只是单纯的声响，现在还多了一样重要的东西——你的情绪，现在听众们才能听懂你唱的是什么。"

如果声音不传递情绪，就如同嚼干草，令人乏味。李默长时间地把自身的情绪从他的声音中分离出来，这种演唱除了使人觉得他空虚，不敢以真身现世，还感觉到他是在怯场。如果一直这样下去，李默也就只有原地踏步的份儿了。

情商高的人认为，声音作为人类沟通的载体工具，不但成功地保障了人们在语言中的交流，还使人们能相互了解对方的内心世界。数次看似简单的声带振动，完成了无数个个体的联结。声音仿佛是人体内的神经组织，把我们大脑里面的情绪源源不断地传输出来，一次次地振动传递了人们的喜怒哀乐。

那么，我们在管理情商时，怎样通过声音，了解对方的内心世界呢？情商高的人有以下几点经验与我们分享。

### 1. 说话时声音凝重且深沉

情商高的人认为，这样的人情绪比较稳定，他们一般都具有非常广博的知识面，而且思想都比较成熟，对各种人情世故都有相当深刻和准确的理解。这样的人通常有极强的责任感，是一个值得信赖的人。这一类型的人有些自视清高，不会轻易向他人认输。但还有一类便是因为性格过于耿直，而使英雄无用武之地。

**2. 说话时声音锋利尖锐**

情商高的人认为，这样的人一般情绪不稳定，多数都带有极强的攻击性。在社交场合，有谁有过分的行为，这样的人总是会在第一时间出头并毫不留情地指出来，甚至还会置对方于尴尬的境地。这种类型的人往往具有极强的洞察力，有极为独特的思想，能一针见血地看到问题的实质。但是常常会因为过于冲动而不顾全大局，或者忽略一些极为重要的问题。为此，因为性格太过冲动，经常会给自己惹来许多不必要的麻烦，有时甚至还会置自己于困境之中而无自救的能力。

**3. 说话时声音刚毅**

情商高的人认为，这样的人情绪比较健康，他们有很强的纪律性和组织性，办事还十分讲求原则，善恶分明，能够做到公正无私。但是，这样的人性格通常很是倔强，也很固执，认准了的事，一旦做了决定，便不会轻易改变，为此总会和他人结下怨仇，也会在不经意间得罪一些人。但是因为这样的人处世讲求公正、公平，而且光明磊落，实事求是，是会得到绝大多数人的尊敬和支持的。

**4. 说话时声音圆滑而和缓**

情商高的人认为，这样的人情绪不会出现大起大落的现象，他们待人较为诚恳、热情、宽厚、仁慈，具有一定的同情心和理解心，处世较为圆滑，很容易受他人的指责。对于新生的事物，虽然他们的接受能力有限，但是会持理解的态度，心胸比较开阔和豁达。

### 5. 说话时声音柔和而顺畅者

情商高的人认为，这样的人情绪不会出现大的波动，他们性格大都较为温和，多淡泊名利，与世无争，渴望过一种平平淡淡的生活。为此，他们极少与他人发生利益上的冲突，与他人会相处得很好，周围有很多朋友。在他人看来，这样的人有些胆小怕事，其实不然，这主要是因为他们恬淡的性格所致，不想将自己卷入到许多是非之中，所以就采用回避的态度。

### 6. 说话时声音急躁

情商高的人认为，这样的人情绪不好，多数情况下脾气暴躁，易怒，易生气。他们做事通常都没有极为详尽的计划安排，也不会有周密和完善的思考和规划，总是急于求成，结果却不如人意，往往会出现欲速不达的结果。

## 会倾听，是了解他人的关键

倾听是一门艺术，情商高的人通常懂得倾听，善于倾听。倾听是一个捕捉信息、收集信息和分析信息的过程，正因为他们善于倾听，冷静沉着地思考决策，才能创造出惊人的成就。

在许多善于管理情商的人士看来，倾听就像海绵一样，让我们更多地汲取别人的经验与教训，使我们在人生的道路上多参考失败的案例，少走弯路，经过富有周密计划的艰苦奋斗，使我们能顺利地到达理想的目的地。

倾听发生在交谈过程，许多人在谈话中话语并不出彩，关键就是没有为自己合理定位，善于管理情商的人往往会在谈话过程中将自己置于合适的位置，认真倾听他人的谈话。

黄卿是一家地产中介公司的金牌销售，他样貌一般，口才也不出众，但是顾客却对他十分信赖，他每月的成交量都相当得高。说起黄卿成功的秘诀，只有一个，那就是认真倾听，了解顾客的心意。

　　黄卿曾经接待过一对五十多岁的夫妇，两位老人是来给他们刚刚参加工作的独生子买房子的，两个人对黄卿说，现如今，男人没房子就不好娶媳妇，所以就算把家里的钱全都拿出来，也要给孩子去买一套像样的房子，绝不能让孩子受了委屈。黄卿听着老人的倾诉，不时地点头，他带着他们看了好几处房子，面积有大有小，先生看中了一套120平方米三室两厅的房子，但是太太却希望买下那套80平方米的，一个房间给儿子和媳妇住，另一个房间给小孩儿住，足够了。两个人谁也不肯让步。黄卿看这两人马上就要闹僵，就说道："我建议你们买大的，因为将来您二老如果跟着住的话，80平方米的房子就有点小了。"太太听了立刻叹口气："现在的年轻人，谁还愿意跟老人一起住啊！""您这是说哪里话呀，现在的年轻人的确希望能过一段甜蜜的二人世界，但是等将来有了孩子，还不是得您过去照顾？一家人热热闹闹的，才是真正的家嘛！所以，为了以后考虑，我建议您买套大的！"一番话说得太太脸上露出了笑容，夫妻俩又同黄卿说起这么些年来为孩子的付出和担忧，言语之间颇多感慨。黄卿只是静静地听着，时不时地点点头，表示他感同身受。这对夫妻离开的时候，太太说："小黄，我和老伴儿回家准备一下，只要买房，就在你这儿买！"

　　果不其然，三天之后夫妻俩就来买那套120平方米的房子了。

　　黄卿就是一位情商高、善于倾听的人，从头到尾，他都没有说什么房子如何如何好，大多时候他只是在认真地听，并从中掌握到夫妻俩十分疼爱孩子的信息，这么疼爱孩子的父母，一定希望能够和孩子住在一起，所以只要抓住这一点并真正站在他们的角度考虑，就能赢得他们的好感和信任，由此，也就能进一步达到卖出房子的目的了。

一家大公司的总经理在任职初期，对该企业的事务知之甚少。当下属向他寻求帮助时，他几乎无法告诉他们什么。但庆幸的是，这位总经理深谙倾听的技巧，不论下属有什么问题，他总是会寻求他们的看法："你认为该怎么做呢？"通常，这么一问，下属自然会提出各种方法。这样，在倾听下属说话的过程中，他了解到很多情况，这样他就可以依据自己所掌握的管理经验，为他们出谋划策，帮助他们做出正确的选择，最后他的下属总是满意地离去，心里还对这位刚上任的老总赞叹不已。

倾听者是无法抗拒的，因为他们富有同情心，愿意倾听他人的观点，愿意倾听他人不愉快的情绪。倾听有助于消解误会、解决问题，让人与人之间的沟通更加顺畅。有时候，它还像一团火一样，融化人们心中的坚冰，让人与人之间的关系变得更加紧密。

对情商高的人来说，会讲话是一门学问，而会听话则同样重要。我们从说话中，学习如何适当地运用语言，从会讲话里，更要懂得如何倾听。善于管理情商的人建议我们，当作为倾听者时，要从对方的言语中获得以下几条信息：

### 1. 能知说话者的人品

有些人一开口，就能从他说的内容里，知道他的品格道德。有的人喜欢挑拨是非、捏造事实；有的人言语如冰、语带讽刺。但是，也有人惜言如金，有人一语如千斤之鼎。

**2. 能知说话者的意向**

有时候，从言语中，也可以辨别出这话究竟是开导我，还是启示我？是责备我，或是要求我帮助他？所谓"弦外之音，意在言外"，只要对方一讲话，虽然主题没有明说出来，但我们也要能够察言观色、审慎言听，从他的语言里，判断讲话的意向与动机。

**3. 能知说话者的见识**

人云："行家一出手，便知有没有。"只要对方一开口，我们便能从他的言谈举止里，了解他的知识、见解、思想，到达什么样的程度。但是，在洞烛他人之前，自己必须培养识人达事的修为，如《文心雕龙》所言："操干曲而后晓声，观干剑而后识器。"具备深广的阅历与广博的识学，才能通晓世事、练达人情。

**4. 能知说话者的气质**

对方一讲话，不论愤怒的言辞，或者委屈的心声，语言代表他的心理状态，他的想法，从话里很容易就可以察觉出他的气质如何。有的人让你感受到他的气质高尚，但是也有人一跟你讲话，三言两语，就让你觉得他的气质粗俗。

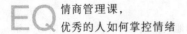
## "善于共情"者，最能读懂他人

　　共情也叫同理心、同感、共感等，它是一种设身处地从别人的角度去体会并理解别人的情绪、需要与意图的能力，简言之就是换位思考的能力。情商高的人懂得共情既是一种态度，也是一种能力。作为态度，它表现为对他人的关心、接受、理解、珍惜和尊重；作为一种能力，它表现为能充分地理解别人，并把这种理解以关切、温暖、得体、尊重的方式表达出来。按照我们常人的说法就是"换位思考"、"将心比心"。

　　情商高的人都有着很强的"共情"能力，通常能够"读懂"他人，会了解他人的感受，知道感受产生的原因及其强烈程度。能做到这些的人，通常是被认为具有很好的洞察力的人。无论在工作场所，还是社团和家庭，这种积极的共情对培养和维持真挚持久的人际关系至关重要。因为共情可以使我们更准确地了解他人，更有针对性地为他们提供帮助，更顺畅地与他人交流与沟通，因而也就更容易建立良

164

好的人际关系。

小张是一家宠物销售公司的员工，连续几天，都没有卖出去一只狗。这天，他敲开了一户人家的门，出来一位女主人。这位女人主说："我不买狗。"小张说："不卖给你，我卖不动了，只想把狗寄放在你家两天，过几天我来取。"女主人一听说只是放两天，便欣然答应。这位女主人领着小孩尽情地同小狗玩耍，小狗就与女主人建立了深厚的感情，它的小鼻子是湿湿的，小嘴舔一舔小孩的小手，小爪子挠一挠，小尾巴晃一晃。

第二天，小张打来电话，问小狗怎么样？她说小狗挺好。第三天打电话，问狗还活着吗？还是活得挺好。这个女主人愉快的声音在电话线上传递着。第四天小张打电话说："我去取狗。"女主人说："你来取钱吧。"小狗就这样被推销出去了。

这个故事告诉我们，人们喜欢为感情付出努力，而高情商者就是对人们投入自己的情感，让人感到欣喜，从而被人所接纳，这也是情商的魅力。这也正如情商高的人所认为的那样，善于共情者，最能读懂他人。

那么，我们该怎样培养共情能力，提高我们的情商呢？善于管理情商的人，有以下两点建议：

## 1. 怎么想

设身处地、以己度人，这是人际交往中的法宝。设身处地地站在他人的角度去体会并理解他人的情绪、想法和需要，进而满足他人的需要，就很容易与他人建立良好的人际关系。

格罗培斯（Gropius）是世界上著名的建筑大师。他从事建筑研究 40 多年，攻克过无数建筑方面的难题，在世界各地留下了 70 多处精美的杰作。1971 年在伦敦国际园林建筑艺术研讨会上，他的迪士尼乐园的路径设计被评为世界最佳设计。这条小路有什么特点呢？

原来在迪士尼乐园主体工程完工后，格罗培斯决定暂停修筑乐园里的道路，并在院子的空地上撒上草种，然后宣布乐园提前试开放。半年后，乐园里绿草茵茵，草地上也被游客踏出了不少宽窄不一的小路，非常幽雅自然。格罗培斯根据这些行人踏出来的小路铺设了人行道，这就是后来被世界各地的园林设计大师们评为"幽雅自然、简捷便利、个性突出"的迪士尼乐园小路。当人们问他，为什么会采取这样的方式设计迪士尼乐园的道路时，格罗培斯说了一句很经典的话：艺术是人性化的最高体现。最人性的，就是最好的。格罗培斯的设计之所以能获得世界最佳设计奖，就是因为他做到了设身处地地为游客着想。

需要是这个世界上人们行为的原动力，人际关系的核心也就是需要和被需要。在你和别人交往的时候，如果你能被他人所需要，他人就会有好的感觉，就会愿意与你交往，就会和你建立起融洽的人际关系。

#### 2. 怎么说

（1）态度：当我们与人交谈的时候，要做到表情温和、神情专注、音调柔美、语速适当。这些非语言信号传达出来的信息有时比语言还有力量。这样的态度给人的感觉就是你是友好的、和善的、可以继续交往的。

（2）内容：首先，要让对方能听得进去，这就是我们常说的从让对方说"是"开始。如果一开始谈话就话不投机，那后边的话题还没有展开，你们的交往可能就终止了。

艾伯森在一家银行任职，有一天一位老人要在他们的银行开个户头。艾伯森要他填写一些表格，但有些表格这个老人不愿意填写。艾伯森想如果他真的拒绝填写，银行就不能为他办理开户手续，这样自己就会失去这个客户。这时他想出了一个方法，决定先从引导对方说"是"开始。

艾伯森向这位客户说，你可以不填写那些表格，那也不是绝对必要的。可想而知，客户一定说了第一个"是"。接着艾伯森又说："其实你把你亲人的名字告诉我也不一定是坏事，因为那样的话可以在你如果发生意外的时候让你的亲人享受到你的财产，否则就浪费了，你说是吧？"这个客户又说了第二个"是"。这时候客户的态度已经发生了变化，因为他发现让他填写的资料不是为了银行，而是为他自身考虑，所以他就变得十分合作。最后他填写了所有的资料，顺利地办理了开户手续。

这样就达到了双赢的效果：客户满意，艾伯森的业绩也有了提升。艾伯森是一个情商高的人，当对方在填表格的过程中，有逆反心理时，他采用共情的方式，站在对方的立场考虑问题，从而一步步引导对方，让对方说"是"，最终完成相关要求。

## 仔细揣摩，寻找水面之下的"冰山"

漂浮在大海里的冰山，常给人一种假象：如果你认为冰山只是你看到的漂浮在水面上的那样大小，那你就错了。真正危险的，是藏在水面以下的部分，所谓冰山一角，让船只触礁的，当然不会是在水上，而是在水下。

生活中也是如此，人们通过说话语调或特殊措辞所反映出的内心情感，就如同浮在水面上的冰山，大约只占冰山总体积的10%，人情绪的90%都是肉眼看不到的，这就需要我们用心去观察和揣摩。

一个高情商者的高明之处就在于，他能够通过说话者的语调和特殊措辞揣摩出其弦外之音，窥测出其真实的内心情感。一般说来，言语是自我表现的一种手段，而且在不知不觉中，它反映了一个人各种曲折的深层心理和情绪。一个人的感情或意见，都在说话方式里表现得清清楚楚，只要仔细揣摩，即使是弦外之音也能从说话者的帘幕下逐渐透露出来。所以，情商高的人善于从对方的言语或措辞分析中，真正地了解他人。

哲学家冯友兰说："诗人想要传达的往往不是诗中直接说了的，而是诗中没有说的。"在冯友兰看来，要想了解一个人，不能单单看他所呈现出来的，而要看他所没有呈现出来的，而尚未呈现出来的这部分，往往最能反映一个人的真实情况。

所以，在善于管理情商的人看来，了解一个人，往往不只是通过表象去看，而是会通过了解这个人所未呈现出来的东西，去看待和认识这个人。

吴宓是清华大学国学院创办人之一，此人不但热情、谦虚，在说服人方面也非常高明。清华国学院创立之初，急需要国学方面的导师，吴宓首先想到了王国维。于是，他觉得亲自前往王国维的家中邀请王国维。

在登门拜访之前，吴宓对王国维的生活、思想、喜好专门做了了解。通过了解，他得知，王国维是一位生活简朴、不重衣着打扮、性格忧郁、不喜张扬、不喜应酬、对名利淡泊的人。当吴宓进入王国维的家门后，首先给王国维行三鞠躬礼，然后才落座，向王国维提及聘请的事。吴宓的这一举动，使王国维深受感动，加之胡适已经提前对王国维做了思想工作，所以他接受了吴宓的邀请。

这件事，在《吴宓日记》中曾有记载："王先生事后语人，彼以为来者必系西服革履，握手对坐之少年。至是乃知不同，乃决就聘。"

吴宓能够请动王国维，关键在于他通过前期的了解，揣摩到王国维的喜与恶，从而为顺利聘请王国维为清华国学院当导师做好铺垫。如果吴宓不揣摩王国维的内心世界，贸然闯入王国维的家中，向王国维说明来意，即便胡适已经打过招呼，以王国维的个性，是不会答应他的要求的。

吴宓是一位情商高的人，从他的阅人、说服人之道中，我们可以看出，要想了解一个人，学会揣摩是多么的重要。正是凭借揣摩，才能寻找到水面之下的"冰山"，从而真正地了解一个人。

## 第六章

完善人际关系：成为受欢迎的人

现实生活中，高情商者的显著表现就是具备良好的人际关系，能妥善地处理好自己与他人的交往，了解感知并顾及他人情绪，为大家所欢迎。这种良好的交际能力不仅能让你与身边的人和睦相处，而且也能为你的人格魅力加分。

## 与人交往，距离产生美感

话说有两只过冬的刺猬，冬天到了，它们两个想用彼此的体温来御寒。可是，当它们靠近的时候，它们被对方身上的刺扎得疼痛万分，不得不分开。然而为了温暖，它们又一次靠近，结果还是吃了同样的苦头。怎么办呢？最终，两只刺猬在两难的境界中找到了解决办法，那就是双方保持适当距离，只有这样，两只刺猬才能够过得平安、温暖。

生活中，大家何尝不像刺猬一样，每一个人都需要与人接近、与人交往，但是内心深处却都想保留一定的私人空间。

善于管理情商的人都知道，虽然人和人之间都是相互需要，同时也相互帮助、扶持着，但是只有保持适度的距离才能彼此保留私人空间，产生安全感和信任感。在人际关系中怎样保持距离也是一门学问。美国西北大学心理学教授霍尔经过大量研究得出这样一个结论：人际关系中的距离相当于"度"，换言之只有保持好交往的频率、距离和尺度等，才能拥有良好的人际关系。那么，我们在管理情商的过程中，怎样做才能拥有良好的人际关系呢？

## 1. 给彼此留下私人空间

苏珊走出校园的象牙塔后怀揣着沉甸甸的梦想来到这个陌生的城市，初来乍到的她感觉异常的孤独。没有人和她分享喜悦，也没有人与她共担伤悲，在这个陌生的城市中，她感觉自己像是被冰封了一般。

后来，苏珊认识了李思，她永远也忘不了李思的微笑，就是那个寻常的笑容，如暖阳一样融化着苏珊的心房。慢慢地，两个女生越走越近，除了办公室内外的事情，她们也开始发表极其相近的个人观点。

随着共同话题的增多，两个人一同上下班、一同出游、一同用餐、一同逛街，那段时间里，苏珊和李思形影不离。

可是没过多久，情同姐妹的两个人发现了对方身上的"瑕疵"。开始，两个人包容着，可是最后矛盾还是爆发了。事件的导火索只不过是一些微不足道的小事情，可是两个人却用尖酸刻薄的言语攻击对方。因为了解得深，所以伤害得重。最终，两个女孩毅然结束了相互牵制的关系，其中的伤痛只有她们自己知晓。

俗话说："风调雨顺好年景。"对于一块地而言，雨下多了会涝，雨下少了会旱，不多不少才是最合适的度。自然万物如此，人与人的交往亦是如此。正如同刺猬法则所昭示的内容：合理的距离是保持双方良好关系的必要条件。为什么关系如此"铁"的朋友会反目成仇呢？关键就在于她们没有给自己和对方留下私人空间，将距离贴得过度近。

### 2. 时间是最好的见证者

人在一生之中会结交很多朋友，这些朋友有的会成为你的至交，有的则可能在短时期的相处后就消失得没有了影踪，有的或许是一辈子与你不温不火地交往。用时间来见证友谊，是朋友交往中最正确的方式。

所谓用时间来见证友谊，就是指朋友要靠长时间的相处来判断，而不是见面之初就对一个人的好坏下了结论。

初次见面时，不管双方是"一见如故"还是"话不投机"，都要保留一些余地，而不应该掺杂太多的主观好恶情绪在里面。"千金易得，知音难求"，真正的朋友不是从我们出生时就出现在我们身边的，而需要我们用心去寻找。当你付出了真心的爱和关怀时，相信就会有相同的知心人走进你的视线。

善于管理情商的人懂得，一个人无论怎么隐藏自己或善或恶、或真或伪的本性，时间都会检验一切的，时间也自会证明一切的。所谓"路遥知马力，日久见人心"，就是指用时间来观察人的方法。

## 亲和力是最强的魅力磁场

亲和力是指人们在日常交往中，通常会因为彼此之间存在某种共同之处或者相似之处，从而感到相互之间更加容易接近。这种接近会使双方萌生亲密感，进而促使双方进一步相互接近、相互体谅。一般在人际交往中往往存在一种倾向，即对于自己较为亲近的对象，比如，有共同的血缘、姻缘、地缘、学缘或者业缘关系，有相似的志向、兴趣、爱好、利益，或者是彼此共处于同一团体或同一组织的人，会更加乐于接近。我们通常把这些较为亲近的对象调侃式地称为"自己人"。

情商高的人提醒我们，如果你想让身边的同事、朋友把自己当成"自己人"，除了无法改变的血缘外，要具备亲和力，这样才能主动让别人对自己产生好感，认同并喜欢自己。只有具备亲和力的人才会把周围的人吸引到自己身边来，才会让别人认同自己，把你当成"自己人"。

肖筱是一位英语教师，在她所带的那个班级里，有一个特别调皮的孩子，几乎没有认真地听过一节课，并且还在课堂上做各种小动作，严重影响着课堂秩序。这让许多老师都为之头疼，但是却又无能为力。

肖筱也一样，多次把他叫到办公室，苦口婆心地开导。可每次，这个孩子都是右耳朵进左耳朵出，一副我行我素的样子，回到教室依然继续着他的调皮。

后来的一次家访，让肖筱对这个孩子充满了同情，原来孩子的父母早就离婚了，他和寡居的奶奶一起生活，尽管生活物质上非常充裕，可是长期缺少父母的关爱，让他变得越来越孤僻，越来越叛逆。肖筱意识到，要想教育好这个孩子，必须采用一种与众不同的教育方式，要从心底感化这个孩子。可是，用什么方式呢？肖筱一筹莫展。

一次肖筱正在上课，同学们都专心地看着黑板和老师，只有那个孩子低着头趴在桌子上，不知道又在鼓弄什么？肖筱假装不经意地绕到他面前，发现那孩子在画一幅人物漫画，画面非常简单，但可以明显地看出画的正是肖筱，她略显瘦长的脸被夸张地画成了一张马脸，本来就不大的眼睛几乎眯成了一条缝……她瞅了一眼那孩子，他虽然满脸通红，但眼神中却没有丝毫的胆怯，反而带着几分嘲讽。肖筱笑了一下，放下那张漫画说："画得不错，不过老师真的这么丑啊？"然后继续讲课，她欣喜地发现，那孩子偷偷地撕掉了那张漫画，一副若有所思的样子。

第二天，肖筱特意带了好几本画册交给这个孩子，她微笑着说："可以看出，你非常喜欢画画，老师希望你能够提高画画的技巧，注意画画的方式，不过，伟大的艺术家好像都是有文化有知识的人哦！如果一个人缺乏文化和内涵，那么他的作品也无法成为好作品，我送给你的这些书上有很多这方面的例子。"孩子非常局促，但还是很高兴地接过了那几本画册。

慢慢地，孩子在上课时开始约束自己，不再调皮捣蛋，开始专心地听课，偶有走神，一经提醒，总会带着一点愧色继续听讲，肖筱也经常会从生活和学习上给他帮助和呵护，渐渐地打开了这个孩子的心扉，他一点一点地回到本来快乐无邪的样子。

在这一届的学生毕业时，肖筱的办公桌上多了一张人物素描，是肖筱温柔浅笑的模样，画中的她，似天使一般美丽纯洁……

肖筱就是一位情商高的人，她的亲和力感动了那位调皮的学生，学生的态度由此转变，才出现了毕业时肖筱老师办公桌上美丽的肖像。

善于管理情商的人在人际交往时，从来不会对周围的人爱答不理或是瞧不起别人，而是善待别人，尽量做到亲切温顺，让对方感受到他的亲切友善。我们在管理情商的过程中，要想提高自己的亲和力，可以从以下几方面着手：

1. 要主动地和周围的邻居、同事或者经常接触的人打招呼，以示友好，并时常保持微笑。

2. 要始终保持温和的态度，切忌急躁，说话语气要柔和，即便是有分歧的问题也要用商讨的方式来解决。

3. 多用"谢谢"、"请问"、"麻烦你了"、"打扰一下"等敬语，这些语言会产生让人想亲近你的吸引力。

4. 要认真、耐心地聆听对方的言论，这样对方才会感到你尊重他，才会愉快地向你敞开心扉。

5. 态度要真诚。无论是在何种场合的交往、谈话，你都要保持良好的心态，以真诚的态度来待人接物，因为只有付出诚心，才能换得真心。

6. 不要吝啬你的"赞美之言"，善于发现别人的优点并给予及时的称赞。因为夸奖是人际交往中的"亲和剂"，适时而得体地夸赞别人，会激起别人的自信心和荣誉感，别人会因此对你产生好感。

7. 关注对方，注意细节。在交往中要体贴对方，平时要多一些嘘寒问暖，这样会使对方感受到你的亲人般的温暖。注意对方的一些爱好，观察对方穿戴上的变化，记住对方有纪念意义的日子等。如果能这样做的话，对方就会觉得你很在意他、关心他，能引起话题和谈话兴趣，你会因此而受到对方的热情"礼遇"。

8. 制造幽默感。通过风趣诙谐的言谈，不仅能消除彼此的紧张感，还会增强你的人际吸引力。

如果你渴望成为大家中的一员，渴望自己的喜怒哀乐有人与你分享，那么就请运用你的亲和力去"吸引"别人。积极主动地去和别人交流，让别人看到你善意可亲的一面，让别人和你在一起有如沐春风的感觉，这样，你就会如磁铁一般拥有强大的吸引力。

## 尊重他人，是与人交往的前提

每一个人都有尊严，每个人在内心深处都希望得到别人的尊重。善于管理情商的人，无论在任何场所，都懂得如何去尊重他人。尊重他人是与人交往的前提，我们只有尊重他人，才能够真正得到对方的认可，获得对方的好感，对方才会愿意与你交往。

有一位富人从火车上下来，走到广场边的时候，看到一位失去双腿的残障人士在路边摆了一个卖杂志的小摊，这位富人二话没说，就从口袋里掏出一张大钞，扔在了小贩面前的盒子里，然后径直匆匆走开了。

走了几步后富人停下脚步，觉得自己刚才的行为有些不妥，于是他转回来回到残疾人身边，用道歉的口吻说："刚才我的举止有些鲁莽，实在对不起，我们都是一个生意人，我不该把你当成乞丐。"那位小贩愣了一下，随即笑着点了点头。

两年后，当年的"富人"又出现在火车站广场上，此刻他已经破产，不再是富人了，正在为生计而四处借钱。当他看到广场旁边有一家很气派的书店的时候，他就信步进去了。书店的老板坐在轮椅上，正面带微笑地看着他。他愣了一下，马上认出了对方，原来这个书店老板就是两年前的那个小贩。

书店老板感激地说："大恩人，我当初摆地摊的时候，别人都是把我当成乞丐，只有你把我当成生意人，实在太感谢你了，现在我真的成了一位生意人。"

两人聊了起来，得知"富人"遇到困境之后，书店老板没有丝毫犹豫，尽自己最大的可能帮助对方。在书店老板的帮助下，"富人"渡过了难关，两人也成了知心好友。

故事中，这位富人的情商就比较高，当初如果他见到残疾小贩时，仅以缺乏尊重的心态扔下钱就走，没有回头向小贩道歉，可能就不会认识小贩，他们以后也不会成为好朋友。正是由于富人的尊重，让小贩重新获得生活的信心，同时也对这个富人心存感激。

可见，尊重他人是建立良好人际交往的基础。尊重他人，就能够获得对方的认可。而那些不尊重他人的人，会失去别人的支持，甚至还会毁掉自己的前途。

人们在日常交往中，必须要本着互相尊重的原则，因为只有尊重别人的人，才会得到别人的尊重。如果不尊重别人，那就很难获得别人的信任和支持。

我们在管理情商时，做到尊重别人并不是一件困难的事情。例如，在学校里，上课专心听讲是对老师的尊重；在食堂就餐，吃完饭后把餐具放到指定的区域，是对食堂工作人员的尊重；在寝室里，休息时间不打搅别人休息，是对室友的尊重；在职场上，对自己的领导不阿谀逢迎是对自己人格的尊重；对自己的下属不颐指气使是对别人人格的尊重……

总之，我们要在日常生活和工作中学会尊重他人，这不仅仅是人与人交往的前提和基础，也是一个人个人修养的体现。

# 微笑是最温暖的"语言"

我们经常可以看到，高情商、高效能的人士，无论是做什么事或说什么话，嘴边总是挂着一丝微笑，这缕微笑它发自内心并且充满着自信与温暖，让我们觉得他们值得信任。的确，微笑是一种温暖的"语言"，是一个人内心的真诚流露，同时微笑也是人类与生俱来的本能，可惜这个宝贵财富常常被我们忽略，还找理由说："现在压力那么大，哪里还有心思去微笑"，"上司派给我的任务让人愁死了"。那么，让我们看看蒙娜丽莎吧，她之所以能够流芳百世，正是因为她那迷人的微笑。可见，一个女人最动人的谈吐首先是永恒的微笑。难以想象板着的脸、怒气十足的脸、凶悍的脸会是美丽的脸。

舒宁要去参加一个面试，十点钟，她准时来到了面试公司。走进大门，她看到墙上贴着一则醒目的标语：微笑是打动客户的最美妙的语言。舒宁知道，很多企业都非常注重公司职员的服务态度，看来这家公司也是同样注重。开始面试了，舒宁有点紧张，她刚刚毕业，没有什么经验，也不知道等待她的将是怎样的考验。

踏入办公室的时候，她想起了姐姐跟她说过的一句话："微笑能让女孩子的美貌增色三分。记住，只要你随时面带微笑，你就是一个美丽的讨人喜欢的女孩子。"于是她做了几次深呼吸，慢慢扬起嘴角，两颊顿时挂上了她平时最亲切、最迷人的笑容。

进入办公室，舒宁发现主考官的表情非常严肃，板着脸打量着她。她告诉自己，只要我始终保持微笑，相信他不会为难我。对于主考官的每一项提问和要求，她都尽量回答得仔细全面，而且从头到尾保持着淡然从容的微笑。面试结束时，主考官终于露出了笑容："恭喜你被录取了！在回答问题的过程中，你一直在微笑，这正是我们公司在面对客户时最重视的一点！"

很显然，舒宁在管理情商时，始终面带微笑与主考官交流，这是她被录用的重要原因。善于管理情商的人认为，微笑可以缩短人与人之间的距离，即使空间离得再远，只要一个友好的微笑，我们彼此心灵的距离也会拉得很近。微笑是你亲近他人最好的介绍信。在一个不熟悉的场合，对陌生人展示一个友好的微笑，对方一下子就会与你亲近起来，相互之间可能就有了沟通的开始。即使没有更多交流，一般对方也会回报你一个友好的微笑，你的心情就会变得自然轻松，仿佛在这个陌生的场合里，已经有了和你关系很近的朋友，你不再感到孤独和紧张。

美国加利福尼亚的一个小女孩自从在电视上看到"复活节盛典"

之后，就一直想参加这项表演。因为她对那些在舞台上空飞来飞去的天使很着迷，有哪个女孩没做过天使梦呢？于是，她就开始去参加天使角色的面试。但很遗憾的是，每一年她都在第一轮就被淘汰了。面试的时候，一位舞蹈教练会教给面试的女孩们一段舞蹈，然后让她们模仿。这个小女孩因为不擅长跳舞，总是显得笨手笨脚。坚持到第三年，她准备放弃了。

这时，她的一个连续两年被选为天使的朋友悄悄地告诉她："微笑就是面试的诀窍，微笑的同时要看着评委的眼睛。不管你的舞蹈有多么糟糕，都要保持微笑！"小女孩将信将疑，但是还是按照朋友的建议做了。面试的时候小女孩一直面带微笑，她的舞技依然很糟糕，但是面试过程却非常愉快，她不再担心自己的表现是否完美，而是把自己想象成一个天使，在空中高飞。

果然，面试结束后舞蹈教练留下了她。后来，小女孩从加州搬走，再也没有参加过天使的演出，但是她体会到了微笑的魔力，无论走到哪里，每当恐惧和怀疑将要占据自己心灵的时候，她都会对自己微笑，总能够重拾自信，获得好运。

很多时候，微笑比语言更能够表达心境，它甚至是最好的交流工具。一些看不到微笑的价值的人，实在是很不幸。要知道，微笑在交往中能发挥极大的效果，无论在学校、在家里、在办公室，甚至在途中遇见朋友，只要不吝惜微笑，立刻就会显示出最有亲和力的一面来，因为微笑具有非凡的魔力。我们在提高情商时，一定要从微笑开始，它的好处有以下几点：

### 1. 可以化解对方的敌意

在与陌生人相处或与人发生争执时，对方往往会对你怀有戒备心理，这时，适时地给对方一个友善大度的微笑，让对方感受到心灵的震动，会打破对方的心理防线，也许会在瞬间消除对你的敌意，甚至对方内心紧闭的心灵之门也会在那一瞬间打开，不知不觉地折服于你的人格魅力，从而拉近与你的心理距离。

### 2. 可以化解朋友间的尴尬

当我们和朋友之间发生了摩擦而出现问题的时候，或者因为误解而感到无法互相面对的时候，一个宽容的或歉意的微笑，往往能够弥补朋友之间的裂痕，让双方的关系变得更和谐。

所以，用微笑对待别人，是一种很好的态度。若把"友好"视为一种礼物，微笑无疑是最珍贵的礼物之一，所以不要再吝啬你的微笑，微笑着去面对你生活中的一切吧！用你的微笑去温暖你身边的每一个人！

# 信守承诺，不开空头支票

《论语·为政》中有云："人而无信，不知其可也。"人际交往中最忌讳不守信用，乱开"空头支票"，一个言而无信的人不会得到人们的信赖。所以，无论是情商高的人还是情商低的人都懂得，他人一旦对你失去信任感，便自然不会同你交往。只有诚信待人，才能获得别人的信任。

信守承诺，是一个人身上的宝贵财富，情商高的人非常珍惜这份财富，更不会为了眼前的蝇头微利，而放弃自己做人的底线，放弃对诚信的坚守。

每年的秋天，既是收获的季节，又是学校开学的日子。一次，北大新学期开始了，一群朝气蓬勃的新生拎着大包小包到学校报到。有一位学子，可能是从外地来的，因为长途跋涉，一路辛劳，到达学校的时候实在太累了，就把包放在路边。

这时，学子正好发现一位老人走来，便拜托老人替自己看一下包，而自己则轻装去办入学手续。对于学子的礼貌要求，老人很爽快地答应了。可能是临时有事，这个学子竟然忘了自己将行李交给老人一事，直到一个小时过去了，他才突然想起这件事。焦急之余，他想老人可能已经走了，但没料到，当他返回原地时，老人还在那里尽职尽责地看守着。谢过老人，两人分别。

几日后便是北大的开学典礼，出乎这位学子意料的是，主席台上就座的北大副校长季羡林正是那一天替自己看行李的老人！

季老信守承诺为一位学子看守行李，并甘愿牺牲自己的时间。这一切，都只因为，他将诚信作为自己的行为道德规范，并时时刻刻要求自己以身作则，履行承诺，做一个诚信的人。

白岩松曾写过一篇名叫《人格是最高的学位》的文章，以此来表达对季老信守承诺的敬意。今天，很多人都很崇拜李嘉诚的成就，他个人从贫贱学徒成为华人首富的奋斗历程更是励志的典型案例。而他的成功也离不开诚信。据说，只要和李嘉诚签订了合同，就不用担心合同执行的问题了。李嘉诚就是靠这样的信誉在商圈中逐渐发展起来，最终实现"诚招天下客，利从誉中来"的。

"马先驯而后求良，人先信而后求能"，在现实生活中，老板给你职位，社会赋予你责任的时候，首先要看你的人品怎么样，看你这个人是否诚信。没有诚信的人，无论能力再高，才华再多，最终都难以有所成就。

# 用情商克服"晕轮效应"

俄国文学巨匠普希金年轻时，曾经狂热地迷恋过一位女子，这位女子当时被称为"莫斯科第一美人"——娜坦丽。一段疯狂地追求后，普希金终于抱得美人归，与娜坦丽结为夫妻。娜坦丽长得非常漂亮，但是她和普希金却不是同路人，她不仅不喜欢普希金的作品，还天天要求普希金陪她参加各种豪华宴会。每当普希金把自己的得意之作读给她听时，她非但不欣赏和鼓励自己的丈夫，反而把双耳紧紧地捂起来，嘴里大声说："请不要朗读你的诗歌了，我不想听这些杂音。"

尽管如此，普希金还是非常喜欢娜坦丽，甚至为此迷失了自己，为了讨好娜坦丽，他天天围着她转，完全把创作丢到脑后。长此以往，他不仅失去了创作的激情，还为此欠下了巨额的债务。而此时的娜坦丽不但不对普希金心存感激，反而更加肆无忌惮地出入各种社交场所，频频地给他招惹是非。后来，同样是因为娜坦丽，普希金在与情敌的决斗中丢掉了性命。

在情商高的人看来，普希金错就错在人际交往的认知障碍上，在他的眼里，美丽的娜坦丽一定拥有非凡的智慧和高贵的品格。但是他却没有考虑到，他的价值观和人生观与娜坦丽有所不同，这也是直接导致他死亡的真正原因。这个故事在心理学界一直被广为引用。心理学家爱德华·桑德克根据普希金的故事，再结合自己多年的研究，提出了"晕轮效应"，晕轮是当月亮被光环所笼罩的时候所产生的一种模糊不清的现象，就像人在认知和判断上通常是从局部开始，再扩散至整体。针对"晕轮效应"，善于管理情商的人是这样理解的：在人际交往的过程中，某人身上的一些特征掩盖了其他方面的特征，人在最初印象的深刻作用下，往往会影响，甚至是扭曲了以后的判断，造成认知上的片面性，这是人际认知的一大障碍。

善于管理情商的人提醒我们，"晕轮效应"在很多方面都可以产生积极的作用，人际交往中，一个人可以突出自己最优秀的一面，借"晕轮效应"使自己受到欢迎；在求职面试中，可以借"晕轮效应"使自己取得面试官的信任，继而轻松过关……可是，"晕轮效应"往往也会给我们造成一定的假象。

张力被"空降"到分公司做公关经理。刚一走进办公室，他就对副经理李平很有好感。李平做事干脆利落，仪表风度翩翩，尤其是对张力十分热情。

一见到张力，他便热情地打招呼："张经理吧？你好，我是李平。"随后，李平又带着他熟悉了公司的各个部门，还重点介绍了公关部的情况。张力对此感激不尽，他认为李平是个讲义气的朋友。另一位副经理赵健也让他印象深刻，看上去脸色阴沉沉的，手里忙着自己的事情，只是抬头看了他一眼，连声招呼也没打。张力在心里说："这家伙呆板、不热情，肯定是个冷血动物。"

接下来，工作上的事情张力就以此为"尺度"进行衡量了。对于李平的事，他总是全力配合；而对于赵健，则爱答不理。到了年底，各项评选开始了。张力能力很强，也帮公司签下了几个重要客户，按理说，年终评选的先进个人应该就是他的。可是没想到，公关部仅仅李平榜上有名，而张力却被总裁找去谈话。见总裁怀疑他利用公司资源做私事，张力十分不解。

后来，张力与总裁开诚布公地谈了一次，并请求总裁去向同事了解情况。更让他没想到的是，那个帮他说了公道话、为他挽回损失和名誉的人竟然是赵健。而且，张力还知道了一件事，那个打自己小报告的人正是自己平时最信任的李平，要不是赵健的帮助，他恐怕就要蒙受这个不白之冤了。

现在，张力真是追悔莫及，后悔自己不应该先入为主，被李平制造的假象蒙住了双眼，忽视了真正的好助手。

张力因先入为主，被李平的"晕轮"所迷惑，而他不喜欢的赵健却在关键时刻帮了他，张力追悔莫及的案例警示我们，在自己不了解情况，还没有真正了解一个人之前，切不可太轻信事先得到的信息，也不可轻信一些人的表面文章，更不可凭一时的感觉来做出判断，失去了解真相的机会。

那么，我们在管理情商时，怎样才能克服"晕轮效应"给我们带来的认知障碍呢？

### 1. 理性对待他人

每一个人都有自己的心理特征，我们在与人交往时，千万不要将自己的喜好厌恶强加给他人。因为你喜欢的，对方不一定喜欢；你厌恶的，对方不一定厌恶。如果把自己的想法强加给他人，对方可能是被动接受，表面上与你在同一个步调上，实际上你根本不知道对方的所思所想。

### 2. 对待第一印象要冷静、客观

"第一印象"非常重要，尤其是见陌生人时，"第一印象"在很大程度上影响我们对对方的看法。因此，我们在对待"第一印象"时，一定要以一种理性的眼光去看待，不要混入个人情感色彩。一旦个人情感主导"第一印象"时，便会产生"晕轮效应"，从而造成我们在判断上的失误。

### 3. 不要以貌取人

俗话说："人靠衣裳，马靠鞍。"这话一点不假，说明一个人着装得体，能给一个人的整体形象加分。但仅凭以貌取人的话，是一种不成熟的心理表现，外貌仅仅是辅助你认识、了解一个人的途径，并不能完全说明这个人的本质，有时甚至还会误导你，所以要正确对待。

### 4. 不要将预想的形象强加在对方的身上

通常情况下，我们在做某件事或想达到某个目的时，都会提前预设一个形象。这个形象可以是完美的，也可以是糟糕的。当这种形象在内心产生后，人们会围绕这个形象去开展相应的工作。这里，一定要记住，这个形象是你给自己预设的，与他人没有任何关系，如果将这个形象转移到他人的身上，或者用这个形象去为他人定型，则是一种不明智的做法。举例说明，与某人谈判，对方不苟言笑、有板有眼，可能会给你留下一种刻板的印象，如果你用这种刻板的形象去给对方定型，那么你的认知可能就会出现偏差，认识上可能会出现错误。对方也许是一位热情的或者幽默的人，而在谈判场所，他必须要让自己保持严肃。

# 第七章 情商应用：助你缔造完美人生

　　生活中有很多事例表明，成功者并不一定就是只属于才华横溢的聪明人，每个人都有无限可能性，每个人都能缔造属于自己的完美人生。相信自己吧，只要懂得整合人生，优化人生，那么你就能成为高情商的人。

## 善于跟成功人士合作

可以这样说，每一位成功人士都普遍具有较高的情商指数，古今中外，许多事例也都表明，在通往成功的道路上，智商只是起到敲门砖的作用，而真正打开成功之门的推手却是情商。

汉高祖刘邦出身寒微，却能以弱小的兵力，最终战胜拥有精兵40万的西楚霸王项羽，建立起大汉王朝。有一天，在洛阳南宫的一次庆功宴上，刘邦乘着酒兴，曾向群臣问道："诸位王侯、将军，我为什么能得天下，项羽又是怎样失去天下的呢？大家不必顾忌，各自尽管发表自己的见解，如何？"

众大臣纷纷发表自己的见解，其中最有代表性的是大将王陵的回答。王陵既是刘邦的同乡故旧，又深得刘邦的信任，因此，说起来也比较坦率，他说："皇上比项羽善于用人。皇上虽然对人粗暴，好发脾气，但却赏罚分明，使群臣争相效力。而项羽则妒贤嫉能，使有功之臣得不到封赏，最终导致了失败。"

刘邦点头称善，然后又补充说："我所以能打败项羽，主要靠三位杰出人才。"他接着往下说："在军营中出谋划策，研究制定正确作战方略，使军队能在千里之外打胜仗，我不如张良；坐镇后方，制定典章法令，管理政务，安抚百姓，并源源不断地给前方运送粮草，我不如萧何；能够统率大军攻城略地，做到战必胜，攻必克，我不如韩信。他们三人是人中豪杰，但都能为我所用；我虽然在某些方面不如他们，但我能重用他们，充分发挥他们的才干，这就是我战胜项羽，夺得天下的主要原因。项羽只有一个豪杰范增，还不能重用他，所以他注定要失败。"

刘邦之所以能赢得天下，情商发挥了巨大的作用。如果他没有极高的情商，根本不可能驾驭手下的精兵良将，更不可能在楚汉相争中战胜项羽。这个故事的现代意义是，我们在管理情商时，要善于跟有才能、有声望的成功人士合作。这里说的成功人士，主要是指其素养而言，至于事业上，可能已经取得较大的成就，也可能还未取得多大的成就，但以其才智声望，日后也必定会有所成就。善于跟成功人士合作，这将会使你的事业更为顺利，使你所取得的成就更为辉煌。

曾经有人采访比尔盖茨成功的秘诀。盖茨的回答是："因为有更多的成功人士在为我工作。"在另外一个场合，当记者问及他所做出的最好的决定时，他说："拿我的情况来说，我得说我最好的商业决定是和选择合伙人有关的。决定同保罗·艾伦合作也许是这些决定中排在第一位的。接下来的是雇用一位朋友斯蒂夫·博尔莫。他打从那时候起一直是我的首要合伙人。要有一些你能够完全信任和全心全意投身于事业的人，有一些有同样的远见而又有一整套与你稍有不同的技能的人，并且能对你起到一种制约作用的人。这一点是十分重要的。你某些想法由他执行。你知道他会说：'嗨，等一等，你想过这一点和那一点没有？'把一些才智横溢的人激发起来的好处是，不但使事业更有意思，而且确实导致很多成功。"

当然，能够跟成功人士合作甚至是让成功人士为自己工作的人，必有一定的实力，有其发展的事业做舞台，其本人也当是成功人士。但是，你也许会问，像绝大多数的年轻人一样，我们虽然身怀抱负和才能，但却实力不显，事业更是谈不上。那么，我们凭什么能与成功人士合作呢？情商高的人，给我们提出以下几点建议：

**1. 资格**

我们虽不必像古代一些诗人高士，坐在茅屋之中笑傲王侯公卿，也无须书生意气"粪土当年万户侯"，但我们至少要有与已经获得一定的声望与成功的人士交往的勇气，有与他们平等交往的自信。这些成功人士，也是从与我们一般无二的年轻人当中努力过来的，你主动去与他们交往，带着礼仪与敬重，带着自信与勇气，他们一般也不会拒绝，而愿意给你一些指点、一些机会的，他们也许宽容你的鲁莽，欣赏你的勇气，赞许你的才能，期盼你的成功，他们也愿意感染你身上的朝气，从你身上看到他们年轻时的影子。

## 2. 机会

机会可以抓取，也可以创造。你可以登门拜访，可以写信投稿，可以表示你的崇敬之情，可以描述你的合作计划，也可以请他人推荐，当然，你还可以想出种种别的办法来。曾有这样一个故事。

报社的一位年轻记者去采访日本著名企业家松下幸之助。

年轻人非常珍惜这次来之不易的采访机会，做了认真的准备，因此采访时，他与松下先生谈得很愉快。采访结束后，松下先生亲切地问年轻人："小伙子，你一个月的薪水是多少？"

年轻人不好意思地回答："薪水很少，一个月才一万日元。"

松下先生微笑着对年轻人说："很好！虽然你现在的薪水只有一万日元，但是，你知道吗？你的薪水远远不止一万日元。"

年轻人听后，感到难以理解。看到年轻人一脸的疑惑，松下先生接着说："小伙子，你要知道，你今天能争取到采访我的机会，明天也就同样能争取到采访其他名人的机会，这就证明你在采访方面有一定的潜力。如果你能多多挖掘这方面的才能和多多积累这方面的经验，这就像你在银行存钱一样，钱存进了银行是会生利息的，而你的才能也会在社会的银行里生利息，将来能连本带利地还给你。"

松下先生满含深意的一番话，打开了年轻人的思路，使他茅塞顿开、豁然开朗。许多年后，年轻人做了报社社长。

有这样一句古语："听君一席话，胜读十年书。"说的也就是这种情形。与成功人士的简短会面，甚至只是听其一堂演讲，听其一席话，都可以算作合作的开始，或者还可以算是一次小小的合作；在此基础上，或借此机缘，你自然可以更进一步，与他进行更大程度的合作。

### 3. 感恩之心

在跟成功人士合作时，要有感恩之心，对于那些对自己有过帮助的人，要懂得感恩。我国有句古话："滴水之恩，当涌泉相报。"人家对你的恩情，包括善意、关爱、期盼以及人与人之间珍贵的情谊，我们不能视而不见。虽说人们常常将大恩铭记在心，思量日后重报，但在当时无以为报之时，至少，我们要及时表示自己的感激之心，感谢他对我们的善意关怀之情。而且，感恩的话语最好不要仅发于心止于口，而是将感恩之意说出来，把感激之情表达出来，虽然，有时候也就是那么短短的两个字："谢谢！"

# 用情商让你的失败有意义

俗话说得好，"失败乃成功之母"。如果再认真思考一下，此话并不是绝对的。因为不是任何一种失败都能成为"成功之母"。所以，善于管理情商的人提醒我们，如果说失败了，却不能正确地面对失败，不知道怎样去吸取教训、亡羊补牢，而是觉得无所谓，乃至于自欺欺人地找些借口，妄图掩盖失败的真相，纵容自己，那不就只能是"失败复失败"吗？假如能"善待"失败，努力挖掘失败的原因，采取积极有效的解决方案，这样失败便不会重演。只有这样被"善待"的"失败"，才有可能成为"成功之母"。

日本理研光学公司董事长市村清是一个闻名世界的企业家，他年轻的时候曾是一名保险推销员。

有一次，市村清劝说一位小学校长投人寿保险，可是在奔波数次之后，事情依然没有任何进展。他疲惫不堪地对妻子说："我想放弃这件事了。我马不停蹄地奔跑了三个月，仍是一无所获。"

妻子爱怜地看着他："你为什么不再试一次呢？或许下一次就能达到目标了。"他听从了妻子的话。第二天抱着"再试一次"的决心，他又来到小学校长家。这次，未等市村清开口，小学校长竟然十分痛快地答应投保。这次成功以后，他对保险事业充满了信心。三个月后，市村清成了九州地区最优秀的推销员。

后来每当谈及自己的成功经验时，市村清总是显得有些意味深长，他说："我永远忘不了妻子的那句话——'你为什么不再试一次？'"的确，为什么不再试一次？

情商高的人都知道，即使再聪明、再能干的人，也终究无法避免失败，只有一如既往的分析总结以及坚持不懈，才可以让你在成功路上走得更远。正如作家克里斯多夫·摩雷所说的："大人物只是屡败屡战的小人物而已。"

情商低的人往往很难认识到先前的失败其实非常有利于以后的成功。在他们看来，要么失败，要么成功——如果我们失败了，那便走向了成功的对立面。而事实上，事情的结局并不能做"要么成功、要么失败"的简单划分，有很多种情况都介于"失败"和"成功"之间，"我失败了三次"和"我是个失败者"之间有着天壤之别。而且，心理上的失败也有别于真正的失败。有时，一个人在心理上感到失败了，而实际上他也许离现实中的成功已经很近了。而一个人只要心理上不屈服，他就永远不会真正失败。

功亏一篑，主要是说心理上的最后放弃。如果你在失败时，仍能表现得像一个胜利者，信心十足，充满干劲，那结果可能大不一样。在复杂的生活现象中，"失败者"和"成功者"这几个字，很难恰当地用在一个变化如此复杂的人类个体上，它们只能描述某个特定时间、特定地点的情况。此时的成功离不开以往的失败，这项工作的失败也许正蕴含着另一项工作的成功。对事情只做"成功"和"失败"的机械划分，这是非常没有意义的。

如果想要成就一番大业，就不要担心和失败打交道。美国有一家鼓励创新的企业，"允许失败"也成了企业鼓励创新的内容之一。这家企业的负责人这样说道："只要你还对失败无法安然处之，你就无法创新。假如你拒绝了失败，事实上你也就放弃了成功。"这句话里包含着成败的辩证法。

有的人害怕失败的原因就在于他不知怎样"吃一堑，长一智"。失败除了让他灰心丧气以外，不会给他带来任何有利的东西，所以他自然而然地把失败当成可怕的坏事。失败从不会使人高兴，然而，一旦你学会从失败中寻找意义，那么它便是你下一次成功的开始。比起重复以前的成功而言，失败能让人受益良多。重复过去的成功不一定让你学到新东西，而失败则肯定能教给你新东西。你可以从一个气氛混乱的聚会上，去学习怎样组织一个成功的聚会；你也可以从一系列失败的方案中，去总结出与事实相符的成功案例。总而言之，只要你能积极认真地去分析失败的原因，从失败中发现教益，那么你就能更快地摆脱失败的阴影。

# 让情商帮你克服社交恐惧

社交场所中，我们不难发现，有些人在社交的过程中，无论是面对何种事或何种人，都能够应付自如，大方得体，即便期间发生一些小尴尬或不愉快，他们也会巧妙地进行化解，继而使气氛变得融洽起来。这样的人，就是情商高的人。而有些人在社交场所的表现，却与情商高的人截然相反，他们不敢表现自己，担心自己在社交场所中出差错。很明显，这样的人对社交表现出一种恐惧的心理特征，心理学上称为"社交恐惧"。

社交恐惧是一种在社交场合表现出来的恐惧。这种恐惧非常常见，各个年龄段的人都会有这种情绪，没有明显的性别差异。虽然社交恐惧是一种非常常见的恐惧，但却很少被人们当作一种心理障碍认识，只是将它与"害羞"、"羞怯"、"内向"联系在一起。人的害羞不一定发展成恐慌，但社交恐惧必然伴随着恐慌反应。羞怯不与羞耻感相连，只是一种羞涩、胆怯的情绪，但社交恐惧这种情绪含有羞耻的成分。

心理学家将人们社交恐惧时的表现分为四类。第一类是思维方面的表现，例如无法集中精力思考问题，担心自己会出丑，大脑一片空白，不知道说什么好等；第二类表现是行为方面的表现，主要是逃避，例如不敢正视他人的眼睛，用头发将脸遮起来，在人多的时候玩手机等，言语表达不流畅也是一方面；第三类表现是人的身体反应方面的表现，包括：脸红、发抖、出汗、身体僵硬、心跳加速、呼吸困难等；第四类表现是人的情感方面的表现。人在面临社交恐惧的时候，经常出现忐忑、自卑、愤怒、抑郁等情绪。社交恐惧的这些表现不是独立发生的，有可能是一种表现开始，其他表现接踵而来，也有可能是各种表现同时发生。

社交恐惧会对人的生活造成很多障碍。首先受到影响的是人的社会关系。如果闲聊、打招呼都是一件困难的事，那么人们很难建立自己与他人的正常人际交往。如果在当众讲话时表现出明显的紧张、不安，那么他的自信心会受到影响，听众对他的印象也会大打折扣。社交恐惧可能让人失去一些职业发展的机会。在企业中，领导者必须具备一定的社交能力，很难想象一个当众说话结巴的领导会拥有真正听从他的下属。对于严重的社交恐惧者，他们的日常生活都会受到影响，比如不敢出门，不敢去商店买东西，不敢接打电话等做法会让他脱离社会群体。有的人在社交局面打不开的时候，用酗酒的方式麻痹自己，似乎在酒精的作用下，他们就不害怕各种社交情境了。实际上他们受到了恐惧和酒精的双重伤害。社交恐惧还可能引发其他精神障碍或者精神疾病，有的社交恐惧症患者同时也是抑郁症患者。因为有些社交恐惧症患者对自己进行封闭，长此以往就会因为缺乏人际交流而患上抑郁症。

那么，我们怎样通过情商来克服社交恐惧呢？

### 1. 摆脱自卑心理

社交恐惧的诸多表现都与自卑、不自信有关。害怕上台演讲、不敢在公共场合说话、不敢正视与他们目光对峙、考试的时候过度紧张、害怕结婚等都与人们缺乏信心有关。缺乏自信给人带来毁灭性的打击。不够自信是人们产生恐惧最直接的原因，因此无论想摆脱任何一种社交恐惧的症状，都需要先克服自卑心理，增强自信心。

克服自卑不只是心理上过去那道不自信的坎儿，也需要从一些实际行动中建立起自信心。比如，自卑的人总是想逃避众人的目光，让自己坐在不显眼的位置上。如果有这种想法，那么就强迫自己坐在靠前的位置，让自己接受别人的注视。与人对话的时候，不要逃避目光对视，反而要正视别人。走路的时候不要表现出畏首畏尾的样子来，虽然不要求自己走路看起来多么有气势，但至少要挺胸抬头，不要让自己缩成一团。每当感到局促不安的时候，都要告诉自己"我要对自己抱有希望"。经常对自己做一些正面的暗示，时刻激励自己做一个自信的人，长此以往，心里的负面想法就会不知不觉地退出去。

### 2. 不要对尴尬的场景念念不忘

尴尬的场面包括冷场、出丑和冲突等令人不愉快的场面。这些场景出现的概率并没有小到可以忽略不计，但也没有频繁到让人时时刻刻提防。人们遇到这些场面可能会感到不舒服，但在不能完全消灭的情况下也可以接受。这些场面对于社交恐惧者来说就是一段非常痛苦的记忆。

为什么有这么多人害怕冷场呢？主要是因为太过于在意。例如，那些职场老人向来不认为自己不加入聊天有什么过错，不认为自己的行为有多么不合群，因为久经职场的他们已经不在意这些外表的东西了。但新人则不一样，他们害怕被别人贴上"不礼貌"、"不合群"、"不热情"、"另类"的标签，所以会硬着头皮说话。社交恐惧的人就属于那些过分在意自己留给他人印象的一类人。他们把人与人之间的交流看得非常重要，虽然他们本身可能不喜欢或者不擅长社交，但潜意识里有很强的和大家打成一片或者受大家欢迎的欲望，这类人在两种冲突之下就表现出了对冷场的极端不能容忍。

不论什么人，都会害怕出丑。但人们不会将出丑一直挂在心上，但当准备非常充分，杜绝了出丑这种可能性的时候，就基本忘记了会不会出丑这回事了。然而社交恐惧者会一直担忧自己会不会出丑，因而经常保持警惕，一会儿看看自己的衣着是不是有问题，一会儿想象自己是不是说了令人发笑的话，或者认为自己是不是做了画蛇添足的事。另外，社交恐惧者出丑的底线非常低，平常人认为非常正常不过的事在他们那里也会被判定为"丑事"，所以他们常常悔恨自己又做了什么错事。

冲突是所有人都害怕的，对于社交恐惧者更是如此。他们对冲突恐惧的表现和出丑一样，一是过于警惕，二是底线太低。当冲突的场面真的出现的时候，社交恐惧者又不知道该怎么做，只想着赶快息事宁人，不要让事情更严重，这种心理在生活中的实际场景可能是：在公交车上被人踩了，对方不但不道歉而且态度恶劣，但自己却"敢怒而不敢言"；在商店买了不合适的商品却不敢退换；上司给了繁重的工作却不敢说自己太累了，根本完不成。这些本来应该给以"反击"的场景都被他们默默忍受了。

### 3. 主动面对尴尬，有助于克服社交恐惧

社交恐惧者在处于尴尬的环境中时，感到非常不自然，甚至不知所措。但任何人都不能保证自己永远都不会遇到尴尬的场景，所以对这些是一定要适应的。社交恐惧者们可以努力让自己走出去，多去一些可能会让自己面临尴尬的环境，在这个环境中练习克服恐惧感。而且在这样的环境中要注意体会自己的心理感受，适应那些看起来不算和谐的环境。通过自己的切身体会，让自己明白尴尬的环境也不过如此，实际上并没有什么值得畏惧的。

### 4. 珍惜克服社交恐惧的机会

想要克服一种特殊物体的恐惧，可能需要做出很多准备，在场所上还会受到一些限制。比如，想要克服一种对动物的恐惧，需要寻找

一些与之相关的图片、录像，想要克服对暴风雨的恐惧，最好是在暴风雨天气中才能有效果；想要克服飞行恐惧，需要暴露在飞行的情境中，如果真的去乘坐飞机，那将是一笔不小的花费。此外，不管克服哪种恐惧，都需要对恐惧的对象有所了解，通过各种方式查找资料是避免不了的。但克服社交恐惧就没有那么麻烦了，一是不需要特定的道具；二是不需要等到特定的场合。生活中有很多可以克服社交恐惧的机会，只要用心寻找，这些机会都可以加以把握。

## 让情商帮你改掉拖延

毫不夸张地说，许多人的成功与高效工作有着紧密的关系，同时他们也是高情商者，懂得怎样去管理自己、如何做才能提高效率。这些在事业上成功的高情商者们有一个共同的特质——拒绝拖延，该做的事情，马上行动。反观那些碌碌无为的人，他们做事总是拖拖拉拉，没有时间观念和竞争意识，用"拖延"给这样的人贴标签，一点儿也不为过。

小王是一个业务员，经常拖拖拉拉，已经好几个月没能完成销售任务了。月初，他的销售任务又来了，小王想："我不能总是这样，这次一定要积极工作。"不然的话，又要跟奖金说"拜拜"了，于是他为自己制订了一个完美的销售计划，只要能把这个计划执行下去，就能让自己的销售排名前进。计划虽然有了，但小王想到这个月才刚刚开始，还可以轻松几天，于是他便松弛下来了。

没想到，十天转眼就过去了，自己还没有做出任何业绩，他有些忐忑。不过好在还有 20 天时间，他鼓励自己说："我还有 20 天的时间，不用紧张，我只要努力就可以完成任务。"想到这里，他开始去拜访老客户，希望从他们那里能拿到一些业绩。然而，想得虽好，现实却很残酷，非但没能达到他的期望值，反而又浪费了一个多星期的时间。其实，拜访老客户是月初应该做的事情，小王以"轻松几天"为借口，让自己的计划拖延下去了。

既然老客户那里没有太多的突破，他把目光盯到新客户身上。开发新客户需要足够的时间和耐心，才能取得他们的信任。小王因为前期拖延而耽误了太多的时间，在与新客户交流上失去了耐心，在剩余的十天左右的时间内，他只发展了三个小客户。

很显然，这个月的销售任务又无法完成，结果他被销售经理辞退了。

小王就是一个普遍的例子。无论生活中，还是工作中，很多人都错误地认为时间充足，可以向后拖一下，不曾想这一拖不但没有把事情办好，反而误了大事。其实，拖延的现象经常在我们身边发生。如果你现在手头正在忙碌的工作，并不是你该做的事，而你本该做的工作被你抛在了一边，这种逃避当前任务的行为，就是拖延。比如你晚饭后，本该洗碗，可是你却被电视节目吸引了，这种消极的行为，就是拖延的表现。

那么，我们怎样运用情商去改掉自己的拖延习惯，做一个高效能人士呢？

### 1. 不为拖延找借口

每个拖延发生之前，都会有一个冠冕堂皇的借口。虽然我们都知道那些借口是糊弄人的，不过是为了掩饰自己的拖延行为，但还是忍不住为自己的拖延行为找借口。因此，克服拖延的第一步，就是不要使用那些借口。

（1）不把忙碌当成拖延的第一个借口。上班族的一个借口是：忙！"我工作太忙了，没时间陪家人。""我最近很忙，不能去锻炼了。"无论什么事情，只要你说工作忙，基本不会招来反对意见。

（2）不要以累或不舒服为借口，拖延做事。人们都知道一个健康的体魄是多么重要。因此，你说自己太累或者说自己不舒服，当然不会有人再强迫你做事。可是对拖延者来说，他前一刻告诉我们他太累了，可后一刻，你就能看见他们生龙活虎地在做自己感兴趣的事情。这就像是装病不想上学的孩子，他们声称自己不舒服，不能去上课，可待在家里玩一天也不成问题。

（3）不要以为时间多的是，而把事情拖到最后一刻。做事不慌张的人，让人感觉神闲气定，招人羡慕。但有些拖延之人面对什么任务都不急不火，并不是由于自信，而是因为他们根本没把这个任务当成一回事。只要还能拖，就坚决不做。不要以时间还多为借口，只要今天还有时间，就把未来需要完成的任务做一部分，这样每天下班的时候，你的心情都会轻松很多。

### 2. 严格约束自我，绝不拖延

几乎每个想要克服拖延症的人都为自己做过计划表，可是坚持下来的却没有几个。列出计划表，只是做好自我管理的第一步，严格执行计划任务，才是自我管理改掉拖延的关键。

每个拖拖拉拉的人都知道拖延是因为自我管理做得不够，该约束自己的时候，没能做到。因此，我们不能只把功夫下在计划表上，而应该把重点放在自我约束上。无论你是属于哪一种拖延类型，也不管是什么原因造成的拖延，这一步都是关键。只有恰如其分地控制好自己，才能从真正意义上克服拖延症。

### 3. 拒绝没必要的事情

很多人一直在浪费时间，被没必要的事情冒出来"喧宾夺主"，让该做的事情拖延下去了。数一数自己一天做了多少没有意义的事情，上网浏览了多久没有意义的信息？同学聚餐是每次都非去不可吗？这些事情都是必要的吗？有些事情，既不是你喜欢的，也不是必要的，那么你就要拒绝它们，以便把精力花费在有意义的事情上，从而克服拖延。

### 4. 有效利用等待的时间

我们在一生中，会有很多时间用来等待。在饭店等服务员上菜，在超市排队等着结账，等着同事赶完工作一起坐车回家，等着上一道工序完成开始工作……这样的都是一些正常的等待。但是有些人喜欢以等待为借口，拖延做一些事情。比如家里要做饭，没有酱油了，丈夫出去买酱油。妻子本可以在这段时间里，刷锅、洗碗、切菜，把一切都准备好，可她偏要等丈夫把酱油买回来，才开始所有的工作。在她的逻辑里，丈夫不把酱油买回来，这一切就没办法开始。很多拖延者都给自己的拖延找了等待这个借口。

### 5. 懂得求助，克服拖延

当你找到能给予你帮助的支持者，他们会给你提供一些方法，并能帮助你分析问题和思考，找出是什么原因导致了你的拖延。在转变的过程中，你的一些感觉会影响你的判断，你需要一个旁观者的指导。如果你得到他人的支持，他们可能会帮你理清你的思路，你可以把他们当成自己的榜样，努力改变自己拖延的习惯。

### 6. 选对倾诉对象

多数人在遇到困难和挫折的时候，会喜欢找人倾诉，一方面是调整自己的情绪，一方面是期望从他人那里得到有用的看法和建议。拖延者在克服拖延的过程中，同样会遇到困难，他们也需要向人倾诉，并得到有益的反馈和帮助。然而，并不是每个人都能给他们正确的意见，因此，倾诉也要选对对象。

在研究中，专家发现，很多拖延者并不懂得该找谁倾诉。他们找到的是和他们关系一般的普通朋友，而不是找家人和关系亲密的伙伴。这样，他们往往得不到真正有价值的意见。因为普通朋友的意见往往是含蓄而失真的，而家人和亲密伙伴的意见才是更准确和真实的。

### 7. 改变环境有助于克服拖延

多数人在躲进"安乐窝"之后，就很难再说服自己离开。当拖延者进入一个让自己感到舒适的环境之后，会极力让自己待在这种环境里，拖延所有让自己离开这个环境或者会改变这个环境的事情。大多数人在家里都无法安心工作，不是想看看电视，就是想打扫一下房间，吃点东西之类的。一个懒散的人即使有了跑步的念头，也会尽量延长在家看电视的时间，拖着不去跑步。要想克服拖延，就应该摆脱引起我们拖延的安逸环境。

# 让情商帮你提高自控力

什么是自控？顾名思义，自控就是自我控制。情商高的人认为，要想认识自我、超越自我、战胜自我，就应该有自我控制能力。

情商低下的人认为控制自己的一言一行、调控不当情绪是一件很费力气的事情。他们希望每天想几点睡就几点睡，想几点起床就几点起床，想说什么就说，想做什么就做，不用考虑每天要吃多少分量的食物，该进行多少运动，也不去管要进行哪些社交活动，如何让自己表现得得体大方，而是将一切都交由他人安排规划，自己只管做个甩手掌柜，也就是说把自我控制的权利交由他人掌控，而不是自己本身，这样他就能找到幸福感。事实果真如此吗？答案是否定的。

如果一个人不能控制自我，做出承诺又不约束自己去履行；心中有理想有目标，但又不控制自己去一步一步向目标靠近；碰到困难挫折不能控制自己的情绪变化，随意宣泄，或是明知不在道德允许的范围内，也要故意而为之。这样或许会为一时放纵自我而感到舒心，但是长期如此，你必定会受到他人责备或自己良心上的谴责，你的内心每天都被内疚悔恨折磨，连平静都做不到，更不可能找到幸福的感觉。

情商高的人之所以在各个方面均能够取得成功，例如家庭美满、生活幸福、工作顺利……他们肯定不会肆意妄为，任凭自己的想法主宰自己的行为；而是要遏制自己的一时冲动，在关键时刻掌握自控的力量。

2010 年，实验人员对新西兰的一千多名儿童进行了生活与自制力密切相关的研究。实验人员从这些儿童出生起就开始跟踪调查，评测他们的自控力情况。除了自己的观察研究，实验人员还要结合多方面的数据报告，包括孩子自己的反馈以及他们的父母、老师的反馈等综合测评孩子们的自制力。测评内容包括这些孩子的家庭状况、健康状况、是否抽烟酗酒，等等。

通过对大量数据进行分析对比，实验人员发现，那些身体肥胖、健康状况不乐观、得传染病，而且牙齿也不好的人多为自制力水平比较差的人。因为这些人把坚持健康的生活习惯当成一种负担，因此很难保持牙齿或身体的卫生。而且自制力差的人在酗酒问题上也不容乐观，他们总放纵自己饮酒，甚至无法抗拒毒品的吸引。再看经济情况，那些工资水平较低、存款数量不多的人明显都属于自制力差的人，就连他们的婚姻维持的时间，相对自制力强的人来说也是非常短暂的。

从实验结果来看，自制力差的人，除了不会感染抑郁之外，在生活的其他方面都表现得很糟糕。也就是说自控力会对生活产生很大影响，如果不能自我控制，各种不良习惯和行为都会紧紧跟随。

每个人每天无论做什么事情，都需要用到自控力去不断调整不良状态，克服不良习惯。起床的时候，我们感到非常困倦，如果不进行自我控制，就会睡过头；吃饭的时候我们被奶酪蛋糕吸引，如果不控制，时间一久就会引发健康问题；与人意见不合的时候，你的情绪会产生波动，如果不控制，就因情绪失控做出不得当的行为；还有刷牙洗脸、与人交谈、上街购物等各种情况，都会显示出我们的不良习惯，如果不进行自控，就无法将自己的行为控制在合理范围内。等欲望主导了我们的主观信念，就会形成陋习。

那么，情商高的人是如何提高自己的自控力的呢？他们有以下几点建议：

### 1. 预先承诺，能抑制人的行为

如果你想买一包有诱惑力的曲奇饼干，不想把它一次吃完，你可以把饼干锁进橱柜里；如果你想拥有一张信用卡，但又不想经常使用，你可以把它锁进保险箱里；如果你不想锻炼身体，就去办一张昂贵的健身卡给自己增加压力，你会强迫自己去健身。一个人如果想实现目标，就必须对自己的选择加以限制，这就是预先承诺。预先承诺是最好的自我控制方法。

一个人通常有两个自我，一个是理性的自我，一个是容易受诱惑的自我。理性的自我会设定自己需要遵守的条例做法，而受诱惑的自我则经常在关键时刻改变决定。如果个人总是让受诱惑的自我占主导地位，最终会伤害自己。行为经济学家托马斯·谢林在自己的"冷战中核武器对冲突的影响"研究中，使用了"预先承诺"这一概念。他指出，那些预先承诺采取升级报复的国家，比那些不会报复的国家来说，更具有震慑力。因为我们无法预料战争中会有什么样的诱惑，禁不住诱惑是战争最大的敌人。我们对待受诱惑的自我，应该像对待另外一个人一样。当我们迫使自己去做想做的事情，让自己在困难面前别无选择、没有退路的时候，我们就会拿出所有精力，鼓起所有勇气，不断约束自我，最终战胜困难。

## 2. 提升自己的思维层次

对于同一件事情，人们反映出的观点和想法是有差异的。有的人心胸狭窄，为了一点事情就耿耿于怀，总觉得别人跟他过不去，于是就心生怨恨，这样的人就属于思维方式层次低的人。有的人心胸宽广，能维护良好的人际关系，不会小肚鸡肠、斤斤计较，凡事从积极的角度去思考，这样的人属于有高层次思维方式的人。

有低层次思维方式的人，想法和态度都是消极的。而有高层次思维方式的人总是有高层次的世界观和人生观，他们的思考方式更积极向上，更能坚持自己的目标，他们更善于用思维方式和推理过程把握全局，他们自信勇敢，因此能展现出较高的自我控制能力。所以，忘掉生活中的烦心事，开阔视野，用积极向上的思维方式思考和看待问题，你就能成功地控制自我。

### 3. 三思而后行有助于自我控制

自控力是每个人生活和工作中不可或缺的能力。人在需要自控的时候，大脑和身体内部会发生一系列相应的变化，这些变化帮助你抵制诱惑、克服冲动。当你被冲动或诱惑干扰时，就会产生坏情绪，继而会做出不利于自身或他人的举动。如果不进行控制，就会对自身造成威胁。

人需要保护自己免受伤害或困扰，所以需要自控力的帮助。而控制自己最有效的办法就是让自己放慢速度，对外在威胁有清醒的认识。之后，你的大脑和身体会做出正确反应，帮你克服冲动，延缓行动，这就是"三思而后行"。

### 4. 控制自私也是提升自控力

人的自私是多样性的，有物质上的也有精神上的；人为自己谋利益的方式也不同，有直接的也有间接的。虽然人难免会有自己的小心思，但也应该让其只在一定限度之内发展，超过了这个度，人就会由自私变为恶。自私者是目光短浅的，他们的身体活在天堂，心灵犹如在地狱。他们只为一时欢乐，放纵自己，考虑不到远方道路上因为自私自利树立起的坎坷。

人要想提高自控能力，就应该控制自私心理。控制自私，需要培养自己的反省意识。人要不断反省自己的行为和想法，认识到自己的错误，并努力改正。当你能控制自己真诚待人，用心做事，多从别人的角度思考问题，你会发现你在很多事情上都有自控能力，这样你就能看到前方的光明大道。

# 让情商帮你修复夫妻关系

如果说爱情是一座桥梁，让相爱的人走进婚姻的殿堂，成就一段美好姻缘的话，那么在长期的夫妻生活中，难免会因某些事情让夫妻间产生误会、隔阂甚至是争吵。如何解决这些生活中的小矛盾，让夫妻关系行使在正确的轨道上呢？这时，情商就起到了至关重要的作用。

美国加州大学伯克利分校罗伯特·利文逊通过多年研究发现，要想了解别人的情感状况，最为关键的是要熟悉自己的情感发展状况。为此，利文逊专门邀请若干对夫妻到他的实验室讨论两个问题：一是"你过得怎么样"等日常问题，二是夫妻产生分歧的 15 分钟讨论。尤其是夫妻分歧这方面的讨论，利文逊格外慎重，记录下他们从心率到面部表情变化的每一种反应。

当 15 分钟的分歧讨论结束后，利文逊要求夫妻中的一方离去，让另一方留下来。接着，让留下来的一方一边观看谈话的录像，一边说出自己没有说出来的实际感受。此后，留下的一方离去，让另一方进来，同样是边看谈话录像边讲出自己的真实感受。

利文逊发现，习惯于设身处地为对方着想的丈夫或妻子，表现出了非同寻常的生理活动。当他们将心比心，当他们站在对方的立场上考虑问题时，他们自身便会产生出与对方相同的感受。参加测试的夫妻，如果看到录像中显示出自己的配偶心跳加快，移情的一方心跳也随之加快；如果看到录像中自己的配偶心跳放慢，移情的一方心跳也减缓。这种模仿与一种叫作调谐的生理现象直接有关，是一种亲密的"情感探戈舞"。

要想达到这种高度协调一致的关系，就需要我们暂时把自己的情感活动放置到一边，从而能够更加清晰地接收到对方传递过来的信号。如果我们沉浸在自身的强烈情感之中时，他人的心理活动很难对我们造成影响，就会忽略掉那些维持友好关系的相关信息。

开始一段新的浪漫关系，就像买了一辆新车，它的各项性能是新车必备的，不需要我们进行改装。在这辆新车里，你可以开得非常轻松、舒适，给你的感觉也非常的棒。当几个星期后或几个月后，你依然会陶醉于这种感觉，直到你的新车出现问题。例如，有些零部件磨损坏了，需要进修理厂修理了。这时，你的感觉发生变化，而通过修理，会让你重新找回先前的感觉。同样的道理，夫妻间的关系也像交通工具一样，需要修理来保持平稳运转。如果你值得拥有这辆车，除了平时的爱惜外，需要更换零部件时一定要及时更换，不然的话这辆车就会出现问题。可见，要想让你的车正常运转，修理最为关键，这也是夫妻间情商的关键。如果你不专注于这定期伴随而来的磨损，你和你的配偶一定会慢慢发现你们处于两条平行线上。

夫妻关系出现问题，最大的特征就是争吵。美国华盛顿大学的约翰·格特曼博士和他的研究团队，通过观察夫妻之间五分钟争吵的频率来预测未来的离婚状况，其预测准确率达到93%。这项研究显示出，夫妻之间因争吵而离婚，与争吵是否频繁没有直接的关系。不懂得修复关系的，把争吵日积月累到一起，才会最终导致离婚。情商关系是由两个集中精力修复争吵的人来推动的；懂得修复关系的，争吵过后会和好如初。修复关系可以采取许多种形式，但是所有形式的目标都是把争论转移到解决方案上。可以是妥协的建议，也可以运用幽默来打破这种紧张状态，但主要的意图是要发送一个强有力的信号：你会关心、尊重你的配偶，你的爱比证明你的正确更重要。那么，如何用情商修复夫妻关系呢？

**1. 提升自我意识**

成功修复关系要依靠你的自我意识。如果你被情绪逼到死角里，就不可能改善你们之间的争论。争吵会把你对配偶的所有情绪都带出来，因此，在这个时候维护你的任何一种行为和情绪的观点都会成为一项真正的挑战。如果你发现你自己的情绪是如此强烈以至于让你无法清晰思考时，最好的办法就是什么都不做。然后向你的配偶解释你失控了，需要一些时间冷静下来，让你的想法聚集到一起。

### 2. 站在配偶的角度

从你配偶的角度来看事情会是什么样的。除非你充分地理解了配偶为什么会采取这些行动，否则无法启动成功的修复关系。你必须向配偶显示，即使不同意他（她）的观点，也关心从他（她）的角度来看待事情是怎样的。对配偶的观点表示尊重，无论他们是对还是错——这是修复关系的关键。

### 3. 多途径进行修复

为了成功地修复关系，你可能需要在许多次失败的尝试中获得正确的方法。准备好去尝试在一次争吵中进行多次修复关系，一次失败的修复尝试可能会引起受伤害的情绪和受伤的自我。当配偶对你想让事情变得更好产生误会时，你需要克服这种不适应，并尽力去承担产生的种种痛苦。你这样做得越多，他（她）就变得更有包容性。

### 4. 用情商技巧来讨论和修复争论

你必须在整个争吵过程中认识和理解自己。这意味着要有足够的自我意识以便认识到什么时候能容忍愤怒并启动修复关系。你需要使用社会意识技巧来"读懂"另一个人。如果你能自始至终进行自我管理的话，争吵将会变得更加平稳。修复关系不需要夫妻双方都要用情商行动，有时候只需要一方拥有自我管理的视角和启动修复关系，当另一方给予善意的反馈时，这种关系就建立起了一种来自情商的不可动摇的力量。